全国职业院校计算机教育"十三五"规划教材

计算机应用基础教程上机指导

（Windows 7+Office 2010）

潘兰慧　李永佳　主　编

黄金梅　杨　予　王　珂　副主编

张兴华　主　审

U0316939

中国铁道出版社有限公司

CHINA RAILWAY PUBLISHING HOUSE CO., LTD.

内 容 简 介

本书是《计算机应用基础教程（Windows 7+Office 2010）》（潘兰慧、陈一鸣主编，中国铁道出版社出版）的配套实训指导教材，用于辅助实践教学，也可单独作为计算机基础及应用课程的实习实训、上机练习和指导教材。内容包括计算机基础的相关知识（如键盘操作、指法练习、简单的计算机硬件知识），用 Word 2010 进行文字编辑与排版，用 Excel 2010 进行表格处理及计算，用 PowerPoint 2010 进行幻灯片制作，以及如何浏览因特网等上机实训。

本书力求内容丰富、语言简练，并希望通过大量的实训介绍计算机应用的相关知识。读者按照书中的实训上机练习，并结合《计算机应用基础教程（Windows 7+Office 2010）》所介绍的知识，就能够全面地掌握计算机应用的基础知识。

本书可作为中等职业学校、高等职业院校、成人高校及民办学校的计算机基础教材，也可作为全国计算机等级考试及各种培训班的教材，还可以作为广大工程技术人员普及计算机知识的岗位培训教程以及广大计算机爱好者的入门参考书。

图书在版编目（CIP）数据

计算机应用基础教程上机指导：Windows 7+Office2010 / 潘兰慧，李永佳主编 . — 北京：中国铁道出版社，2017.7（2019.6 重印）

全国职业院校计算机教育"十三五"规划教材

ISBN 978-7-113-23075-3

Ⅰ . ①计… Ⅱ . ①潘… ②李… Ⅲ . ① Windows 操作系统－高等职业教育－教学参考资料 ②办公自动化－应用软件－高等职业教育－教材 Ⅳ . ① TP316.7 ② TP317.1

中国版本图书馆 CIP 数据核字（2017）第 123523 号

书　　名：计算机应用基础教程上机指导（Windows 7+Office 2010）	
作　　者：潘兰慧　李永佳　主编	

策　　　划：尹　鹏　朱荣荣		读者热线：(010) 63550836
责任编辑：何红艳　田银香		
封面设计：潘兰慧		
封面制作：白　雪		
责任校对：张玉华		
责任印制：郭向伟		

出版发行：中国铁道出版社有限公司（100054，北京市西城区右安门西街 8 号）

网　　址：http://www.tdpress.com/51eds/

印　　刷：三河市兴达印务有限公司

版　　次：2017 年 7 月第 1 版　　　2019 年 6 月第 3 次印刷

开　　本：787 mm×1 092 mm　1/16　印张：7.75　字数：183 千

书　　号：ISBN 978-7-113-23075-3

定　　价：25.00 元

前言
PREFACE

　　信息化是当今世界经济和社会发展的趋势，且计算机技术发展飞速，这就要求计算机基础教育工作者在教学内容上必须迅速跟上。有鉴于此，我们及时编写了与《计算机应用基础教程（Windows 7+Office 2010）》（潘兰慧、陈一鸣主编，中国铁道出版社出版）配套的教材——《计算机应用基础教程上机指导（Windows 7+Office 2010）》。本书具有内容新颖、结构紧凑、层次清楚、通俗易懂、便于教与学等特点。侧重于当前流行的计算机软件和应用的介绍；部分教学内容通过实例操作讲解，以达到"触类旁通、举一反三"的效果。本书实训操作和《计算机应用基础教程（Windows 7+Office 2010）》上课内容同步，共分为 8 章，分别为：第 1 章计算机基础知识、第 2 章汉字输入方法、第 3 章 Windows 7 操作系统、第 4 章文字处理软件应用、第 5 章电子表格处理软件应用、第 6 章演示文稿软件应用、第 7 章畅游因特网（Internet）、第 8 章计算机安全基础知识。

　　本书由潘兰慧、李永佳任主编，黄金梅、杨予、王珂任副主编，由张兴华主审。各章节分工分别是第 1 章由马英编写；第 2 章由王珂编写；第 3 章由黄春芳、黄祖勤编写；第 4 章实训一和实训二由潘兰慧编写、实训三至实训五由陈一鸣编写、实训六和实训七由莫文能编写；第 5 章实训一至实训三由黄金梅编写、实训四至实训八由李奕欣编写；第 6 章实训一和实训二由杨予编写、实训三和实训四由李小红编写；第 7 章由李永佳编写；第 8 章由黄苗编写。

　　由于编者水平有限，书中存在的不足和疏漏之处在所难免，敬请读者批评指正。

编　者

2017 年 3 月

目录
CONTENTS

第 1 章
计算机基础知识

实训　安装和卸载计算机中的软件

【实训目的】

（1）学会为计算机安装软件。

（2）学会卸载软件。

【实训要求】在计算机实训室进行实训。

【实训环境】微型计算机；Windows 7 操作系统。

【实训内容】安装和卸载"酷狗音乐"软件。

【实训步骤】

1. 安装软件

以酷狗音乐软件为例。首先要确保已经拥有酷狗音乐的安装程序，安装过程如下：

步骤 1：双击酷狗音乐的图标，打开安装程序。

步骤 2：单击"酷狗音乐 安装"对话框（见图 1–1）中的 自定义安装 按钮，单击 图 1–2 所示的"安装目录"栏的右边"更改目录"按钮来选择安装的路径，单击"确定"按钮返回上一层对话框并单击"立即安装"按钮。

图 1–1　"酷狗音乐"安装对话框

图 1–2　"酷狗音乐"安装设置对话框

步骤 3：等待安装，对话框中进度条满格时安装成功，如图 1-3 所示。

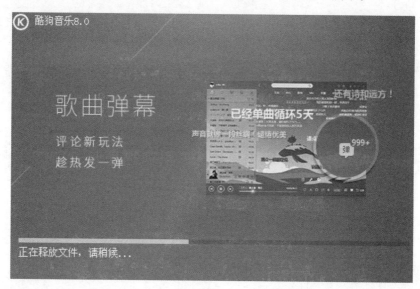

图 1-3 "酷狗音乐"安装进度条

2. 工具软件的卸载

步骤 1：打开控制面板，单击桌面左下角"开始"按钮，在弹出的菜单中单击"控制面板"按钮，如图 1-4 所示。

图 1-4 选择"控制面板"

步骤 2：在"控制面板"窗口中选择"程序和功能"命令，如图 1-5 所示，在弹出的"程序和功能"列表中，双击已安装的"酷狗音乐"图标，如图 1-6 所示。

图 1-5 所有控制面板项

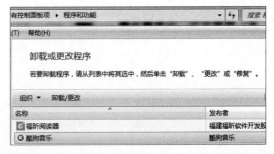

图 1-6 "程序和功能"项列表

步骤 3：在"酷狗音乐卸载"对话框中选择卸载选项，单击"下一步"完成整个卸载过程，如图 1-7 所示。

图 1-7 酷狗音乐卸载

第 2 章
汉字输入方法

实训一　五笔字型汉字字根练习

【实训目的】

（1）利用练习软件，练习输入字根。

（2）巩固指法训练成果。

【实训要求】在计算机实训室进行实训，掌握各字根分布的规律。

【实训内容】各字根所分布的键位。

【实训步骤】

（1）指法练习：综合英文练习。

（2）字根键符练习：打开"2014金山打字通"训练软件，按顺序练习。

【实训总结、填写实训报告】

_____

_____

_____

_____

实训二　五笔字型汉字单字输入练习

【实训目的】

（1）利用练习软件，掌握键名字和汉字简码输入方法。

（2）学习汉字字根拆分。

（3）进一步巩固指法训练成果。

【实训要求】在计算机实训室进行实训，熟悉键名字与简码输入及其他汉字输入方法。

【实训内容】键名字和简码及其他汉字输入的方法。

【实训步骤】

汉字拆分练习

打开"2014金山打字通"训练软件，按下面的顺序进行汉字拆分练习：

（1）复习字根、成字字根练习。

（2）键名字与简码输入练习。

（3）由两个、三个、四个或者四个以上的字根组成的汉字输入练习。

【实训总结、填写实训报告】

_____

_____

_____

_____

实训三　五笔字型汉字词组输入法练习

【实训目的】

（1）利用练习软件，学习词组输入方法。

（2）巩固五笔字型汉字单字输入训练成果。

【实训要求】在计算机实训室进行实训，掌握二个字词组、三个字词组、四个字词组及四个字以上词组输入方法。

【实训内容】二个字词组、三个字词组、四个字词组及四个字以上词组输入方法。

【实训步骤】

打开"2014 金山打字通"训练软件，按下面的顺序练习：

（1）复习一级、二级、三级简码、末笔字型识别码。

（2）二个字词组、三个字词组、四个字词组及四个字以上词组输入方法。

（3）末笔字型识别码录入测试。

【实训总结、填写实训报告】

_____

_____

_____

_____

实训四　五笔字型汉字文章输入法练习

【实训目的】利用练习软件，掌握文章输入方法。

【实训要求】在计算机实训室进行实训，熟练一级字库、二级字库文章的输入。

【实训内容】如何提高五笔字型输入法输入速度。

【实训步骤】

打开"2014 金山打字通"训练软件，进行文章练习。

（1）设置时间，进行文章输入练习。

（2）分组比赛。

（3）测试。

【实训总结、填写实训报告】

_____

_____

_____

_____

实训五 五笔字型和拼音汉字输入法练习

【实训目的】利用练习软件，掌握文章输入技巧，提高汉字录入速度。

【实训要求】在计算机实训室进行实训，提高文章输入速度。

【实训内容】如何提高五笔字型输入法和拼音输入法输入速度。

【实训步骤】

打开"2014金山打字通"训练软件，进行文章练习。

（1）文章输入练习。

（2）综合文章练习。

（3）汉字输入速度测试。

【实训总结、填写实训报告】

_____

_____

_____

_____

第 3 章
Windows 7 操作系统

实训一　Windows 7 的基本操作

【实训目的】

（1）掌握 Windows 7 的启动与退出方法。

（2）熟悉 Windows 7 桌面的组成及各种图标的作用。

（3）学习和掌握程序窗口的运行和退出方法。

【实训要求】在计算机实训室进行实训。

【实训环境】Windows 7 操作系统。

【实训内容】启动计算机，进入 Windows 7 操作系统，然后退出 Windows 7 操作系统，关闭计算机；查看 Windows 7 桌面的组成及各种图标；掌握窗口的控制和退出方法。

【实训步骤】

　　1. Windows 7 的启动与退出

　　步骤 1：开机，进入 Windows 7 操作系统

　　步骤 2：单击"开始"按钮，在弹出的菜单中单击"关机"按钮，如图 3-1 所示。

　　2. Windows 7 返回桌面的方法

　　步骤 1：在桌面上任意打开多个窗口。

　　步骤 2：按【Win+M】组合键，观察桌面变化，以此可以实现所有窗口最小化。

　　步骤 3：再次打开还原显示多个窗口。

　　步骤 4：按【Win+D】组合键，观察桌面变化，以此可以实现显示桌面。

　　3. 窗口操作

　　步骤 1：在桌面上打开"计算机""回收站"两个窗口。

　　步骤 2：反复按【Alt+Tab】组合键，观察窗口的变化。反复按【Alt+Esc】组合键，观察窗口的变化。利用这两种方法可实现窗口之间的切换。

　　步骤 3：单击"最小化"按钮，即可将"计算机"窗口最小化到任务栏上的程序按钮区中；单击任务栏中的程序按钮，即可恢复到原始大小。

步骤 4：单击"最大化"按钮，即可将"计算机"窗口放大到整个屏幕。此时"最大化"按钮会变成"还原"按钮，单击该按钮可以将"计算机"窗口恢复到原始大小。

步骤 5：将鼠标指针移动到"计算机"窗口的边框上，鼠标指针变成双箭头形状，按住鼠标左键不放拖动边框，直到拖至需要的合适大小，然后释放鼠标左键即可。

步骤 6：右击任务栏，弹出快捷菜单（见图 3-2），利用快捷菜单对窗口进行如下操作：

（1）层叠窗口；

（2）堆叠显示窗口；

（3）并排显示窗口。

图 3-1　关闭计算机

图 3-2　窗口显示方式

步骤 7：单击窗口右上角的"关闭"按钮即可将窗口关闭。

4．"开始"菜单操作

步骤 1：单击任务栏中的"开始"按钮，打开"开始"菜单。

步骤 2：选择"所有程序"级联菜单中的"附件"命令。

步骤 3：选择"附件"级联菜单中的"画图"命令。运行"画图"应用程序，如图 3-3 所示。

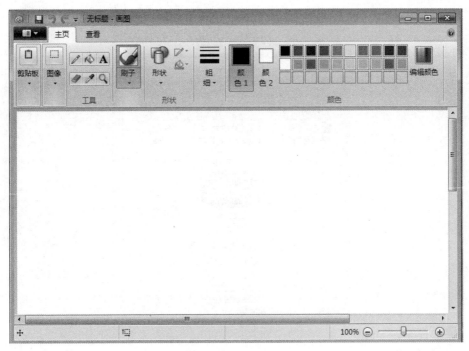

图 3-3　"画图"程序

步骤 4：练习使用"画图"程序画图，然后关闭该程序。

实训二　文件和文件夹管理操作

【实训目的】

（1）了解 Windows 7 文件系统的基本概念。

（2）掌握查看磁盘内容、属性的方法。

（3）掌握文件和文件夹的操作方法。

【实训要求】在计算机实训室进行实训。

【实训环境】Windows 7 操作系统。

【实训内容】查看磁盘的内容及属性；对 Windows 7 文件和文件夹进行管理操作；创建快捷方式。

【实训步骤】

1. 查看磁盘内容

双击桌面上"计算机"图标，打开"计算机"窗口，观察窗口中各个逻辑盘、打印机等资源的图标。

2. 查看磁盘属性

步骤 1：在"计算机"窗口中右击磁盘"D："（D 驱动器）的图标，在弹出的快捷菜单中选择"属性"命令，打开"D：属性"对话框，如图 3-4 所示。

步骤 2：选择"常规"选项卡，了解该磁盘的类型、已用空间和可用空间、总容量等。

图 3-4　磁盘"属性"对话框

3. 新建文件夹

步骤 1：在"D:"窗口的空白处右击，在弹出的快捷菜单中选择"新建"→"文件夹"命令，系统创建一个默认名称为"新建文件夹"的文件夹，输入有效名称，如"My Files"，按【Enter】键，如图 3-5（a）所示。

步骤 2：打开 My Files 文件夹，创建一个默认名称为"新建文件夹"的文件夹，输入文件夹名称"Excel"，按【Enter】键，即在"My Files"文件夹中创建了一个子文件夹，如图 3-5（b）所示。

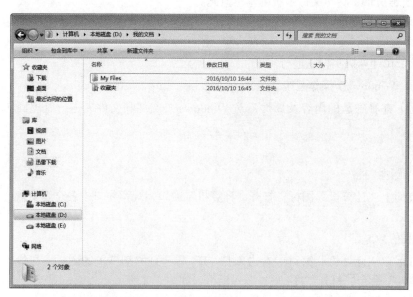

（a）

图 3-5　新建文件夹

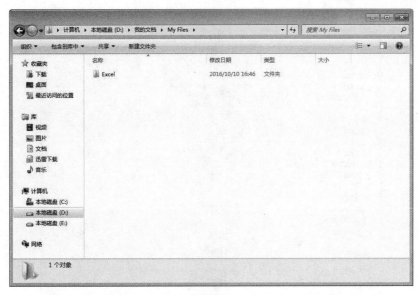

（b）

图 3-5　新建文件夹（续）

4. 复制文件和文件夹

步骤 1：选中 D:\ My Files \Excel 文件夹，右击后在弹出的快捷菜单中选择"复制"命令或在工具栏"组织"下拉菜单中选择"复制"命令。

步骤 2：选中 D 盘，右击后在弹出快捷菜单中选择"粘贴"命令或者在工具栏"组织"的下拉菜单中选择"粘贴"命令，观察 D 盘与原文件夹的变化情况。

步骤 3：选中 D:\ My Files 文件夹，右击后在弹出快捷菜单中选择"重命名"命令，输入新的文件名"我的音乐"按【Enter】键，观察窗口的变化情况。

步骤 4　按住【Ctrl】键将"D:\ 我的音乐"文件夹图标拖动到"我的文档"文件夹图标处，观察各文件夹的变化情况，如图 3-6 所示。

图 3-6　复制文件夹

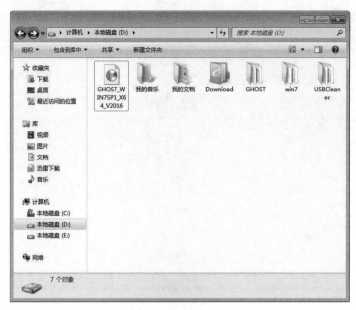

图 3-6　复制文件夹（续）

5. 移动文件和文件夹

步骤 1：选定"D:\我的音乐"文件夹。

步骤 2：选择"组织"→"剪切"命令。

步骤 3：打开"E:"盘。

步骤 4：选择"组织"→"粘贴"命令，观察各文件夹的变化情况，如图 3-7 所示。

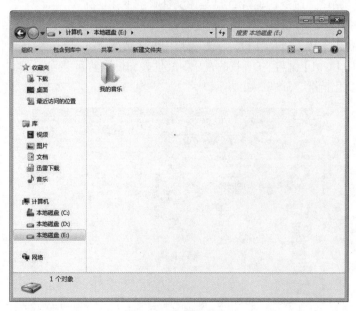

图 3-7　移动文件夹

步骤 5：通过键盘快捷方式将"复制文件和文件夹"和"移动文件和文件夹"重新操作一遍。

实训三　Windows 7 的系统设置

【实训目的】

（1）了解 Windows 7 控制面板的功能与特点。

（2）掌握显示器属性设置的方法。

【实训要求】在计算机实训室进行实训。

【实训环境】Windows 7 操作系统。

【实训内容】通过"个性化"窗口修改桌面背景；通过"个性化"窗口设置屏幕保护和颜色设置；打印机的添加。

【实训步骤】

1. 设置桌面主题

在桌面任意空白处右击，在弹出的快捷菜单中选择"个性化"命令，弹出"更改计算机上的视觉效果和声音"窗口。此时可以看到 Windows 7 提供了"我的主题"和"Aero 主题"等多种个性化主题供用户选择，如图 3-8 所示。

图 3-8　设置桌面主题

2. 设置桌面背景

步骤 1：在桌面任意空白处右击，在弹出的快捷菜单中选择"个性化"命令，弹出"更改计算机上的视觉效果和声音"窗口，选择"桌面背景"选项，弹出"选择桌面背景"窗口，如图 3-9 所示。

步骤 2："选择桌面背景"窗口中，在"图片位置"选项选择想设置为桌面背景的图片，在"图片位置"下拉列表中选择桌面背景的显示方式，含填充、适应、拉伸、平铺、居中。

图 3-9 设置桌面背景

3. 设置屏幕保护程序

步骤 1：在桌面任意空白处右击，在弹出的快捷菜单中选择"个性化"命令，弹出"更改计算机上的视觉效果和声音"窗口，选择"屏幕保护程序"选项，弹出"屏幕保护程序设置"对话框，如图 3-10 所示。

图 3-10 设置屏幕保护程序

步骤 2：在"屏幕保护程序"下拉列表框中选择"气泡"，单击"预览"按钮观察实际效果。

步骤 3：在"等待"数字调整框中输入"1"，单击"应用"按钮。

步骤 4：不要进行键盘和鼠标操作，等待 1 分钟。Windows 启动屏幕保护程序。

步骤 5：移动鼠标或按键盘上的任意键后，退出屏幕保护程序。

4. 设置屏幕分辨率

步骤 1：在桌面任意空白处右击，在弹出的快捷菜单中选择"屏幕分辨率"命令，弹出"更改显示器的外观"窗口。

步骤 2：在"更改显示器的外观"窗口中单击"分辨率"下拉按钮，在弹出的下拉列表中通过拖动调节滑块调整分辨率的大小，如图 3-11 所示。

图 3-11　调整屏幕分辨率

第4章
文字处理软件应用

实训一　Word 2010 文档操作

【实训目的】

（1）学习怎样启动和退出 Word 2010。

（2）了解 Word 2010 窗口的界面组成和基本操作。

（3）掌握 Word 2010 文档的建立、打开和保存。

【实训要求】在计算机实训室进行实训。

【实训环境】Word 2010。

【实训内容】启动和退出 Word 2010；Word 2010 窗口的基本操作；Word 2010 文档的建立、打开和保存。

【实训步骤】

1. 启动和关闭 Word 2010 程序

1）启动 Word 2010 的三种方法。

（1）双击桌面的快捷图标，如图 4-1 所示，若无该图标可在 Office 安装文件夹下找到"Microsoft Office Word 2010"图标，右击后在弹出的快捷菜单中选择"发送到"→"桌面快捷方式"命令即可，如图 4-2 所示。

图 4-1　Word 2010 快捷图标　　　　图 4-2　创建 Word 2010 快捷方式

（2）通过选择任务栏的"开始"→"所有程序"→"Microsoft Office"→"Microsoft Office Word 2010"命令启动，如图 4-3 所示。

（3）打开资源管理器对话框，找到想要打开的文件后双击，如图 4-4 所示。

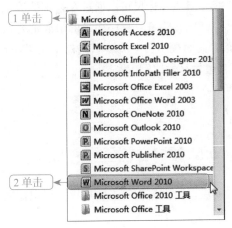

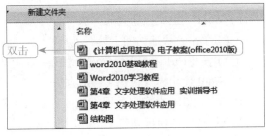

图 4-3　Microsoft Office 菜单　　　　　　图 4-4　双击文件

2）退出 Word 2010 的方法

（1）单击标题栏右侧的"关闭"按钮。

（2）选择"文件"→"退出"命令。

（3）按【Ctrl + W】组合键退出。

（4）按【Alt+F4】组合键退出。

注意

　　若文档关闭前尚未存盘，退出 Word 时系统会提示是否保存对文档的修改，若单击"是"则存盘退出，单击"否"则放弃存盘退出程序。

2. Word 2010 程序窗口

Word 2010 程序窗口如图 4-5 所示。

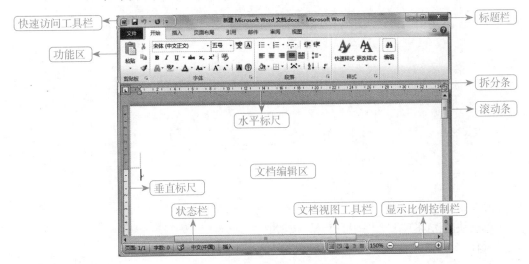

图 4-5　Word 2010 程序窗口

　　Word 2010 程序窗口的顶部为快速访问工具和标题栏，显示控制菜单图标、Word 文档的文件名，右边是窗口"最小化""最大化"和"关闭"按钮。标题栏之下是选项标签，共有九个选项卡。选项标签之下是功能区，提供常用命令的直观访问方式，相当于早期 Office 应用程序中的菜单栏和命令。功能区由选项卡、选项组和命令三部分组成。标尺可以通过在右侧的滚动条顶部单击"标尺"按钮或者"视图"选项卡的"标尺"显现和隐藏。程序窗口的最底部是状态栏，可以显示正在编辑的文档属性。视图工具栏内有"页面视图""阅读版式视图""Web版式视图""大纲视图"和"草稿"共五个视图按钮。右边是显示比例控制栏。

　　3. 掌握 Word 文档的建立、打开和保存

　　1）Word 空白文档建立的方法

　　（1）单击"快速访问工具"工具栏的"新建"按钮。

　　（2）按【Ctrl＋N】组合键会打开一个基于默认模板的新文档。

　　2）Word 使用模板新建文档的方法

　　在 Word 2010 中有多种用途的内置模板（例如书信模板、公文模板等），用户可以根据实际需要选择特定的模板新建 Word 文档，操作如下：

　　步骤 1：打开 Word 2010 文档窗口，依次单击"文件"→"新建"按钮。

　　步骤 2：在打开的"新建"面板中，用户可以单击"博客文章""书法字帖"等 Word 2010自带的模板创建文档，还可以单击 Office.com 提供的"名片""日历"等在线模板，如图4-6所示。

图 4-6　"新建文档"窗格

　　3）打开 Word 2010 文档的方法

　　（1）单击快速访问工具栏上的"打开"按钮。

　　（2）选择"文件"→"打开"命令。

（3）按【Ctrl + O】组合键。

以上三种操作均会出现如图 4-7 所示的"打开"对话框。

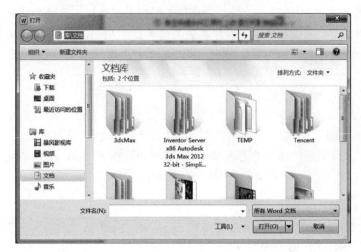

图 4-7　"打开"对话框

找到文件保存的位置，双击即可打开该文档。

> **提示**
>
> 要打开最近使用过的文档，可在"文件"→"最近使用文件"菜单列出的文档中进行选择。

4）保存文档的方法

（1）单击快速访问工具栏上的"保存"按钮 📄。

（2）选择"文件"→"保存"或"另存为"命令。

（3）按【Ctrl + S】组合键保存。

如果对文档第一次存盘或对原有的文件换名或改变存盘路径而选择了"文件"选项中的"另存为"命令，均会出现如图 4-8 所示的"另存为"对话框。根据需要选择另存为的地址（文件保存的位置）、名称、类型。

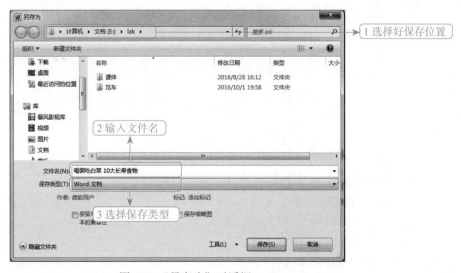

图 4-8　"另存为"对话框

注意

在"另存为"对话框中，选择要保存文档所在的位置，选择某个盘符或文件夹，以便以后找到它，如图 4-8 中"1"所示；再在"文件名"列表框中输入文件名，如图 4-8 中"2"所示；在"保存类型"列表框中设定要保存的文档类型（Word 2010 默认的扩展名是 .docx，也可选择保存为纯文本文件、网页文件等，如图 4-8 中"3"所示。

提示

为了在断电、死机或类似问题发生之后能够恢复尚未保存的工作，可以开启 Word 2010 的自动保存功能。选择"工具"→"选项"命令，在打开的"选项"窗口中选择"保存"选项卡。设定"保存自动恢复时间间隔"复选框即可（如图 4-9）所示。

图 4-9　在选项对话框中设定自动保存时间

实训二　Word 2010 文档编辑

【实训目的】

（1）熟悉 Word 2010 文档的文本输入、编辑与修改。

（2）掌握 Word 2010 文档的字符和段落格式设置。

（3）掌握文档的版面设计。

（4）熟悉打印文档。

【实训要求】在计算机实训室进行实训。

【实训环境】Word 2010。

【实训内容】Word 2010 文档的文本输入、编辑与修改；Word 2010 文档的字符和段落格式设置；Word 2010 文档的版面设计。

【实训步骤】

步骤 1：选择"开始"→"程序"→"Microsoft Office"→"Microsoft Office Word 2010"命令，启动 Word 2010。

步骤 2：创建新的 Word 2010 文档。新建一个文档，输入下列内容：

人生也需经营

"年轻就是资本，年老就是财富！"

一言既出，赢得了满堂的喝彩。多好的一句话啊。但是并不是所有的资本最终都能够转化为财富。资本只是为实现财富提供了一种可能，要想使这种可能变为现实，还需要苦心的经营。原来，人生也是需要经营的啊。

因为年轻，就拥有时间和希望，用时间和希望去投资，用充满热爱的心灵和智慧的头脑去经营，人生一定会一天比一天更富有、更丰盈。在年老时，我们就可以自豪地对年轻人说："年轻就是资本，年老就是财富！"

步骤 3：保存文档。把上面输入的文字保存，文件名为"人生也需经营"。

（1）单击快速访问工具栏上的"保存"按钮，弹出"另存为"对话框，如图 4-10 所示。

（2）在保存位置中，选择"我的文档"。

（3）在"文件名"中输入"人生也需经营"（默认系统会自动把文档的第一行生成文件名），单击"保存"按钮。

步骤 4：关闭文档。

步骤 5：打开已有文档。打开名为"人生也需经营"的 Word 2010 文档。

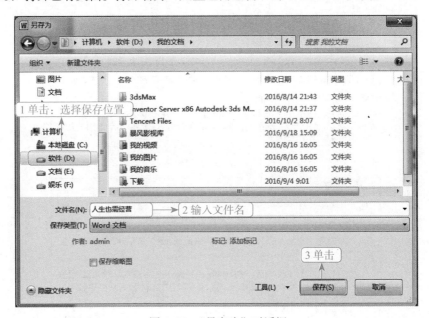

图 4-10　"另存为"对话框

（1）单击快速启动工具栏上的"打开"按钮，弹出"打开"对话框。

（2）在文件保存位置中，选择"我的文档"。

（3）在文件列表中选择文件"人生也需经营"。

（4）单击"打开"按钮，如图 4-11 所示。

图 4-11　打开已有文档

步骤 6：文字的选取及删除。

（1）用鼠标选中"一言既出，赢得了满堂的喝彩。"（见图 4-12），按【Delete】键删除选定的文字，如图 4-13 所示。

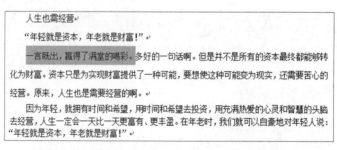

图 4-12　文字的选取

图 4-13　文字的删除.

（2）将插入点定位在正文第二段的开始处，按【Backspace】键将两段合并为一段。或将插入点定位在第一段的结尾处，按【Delete】键，效果如图 4-14 所示。

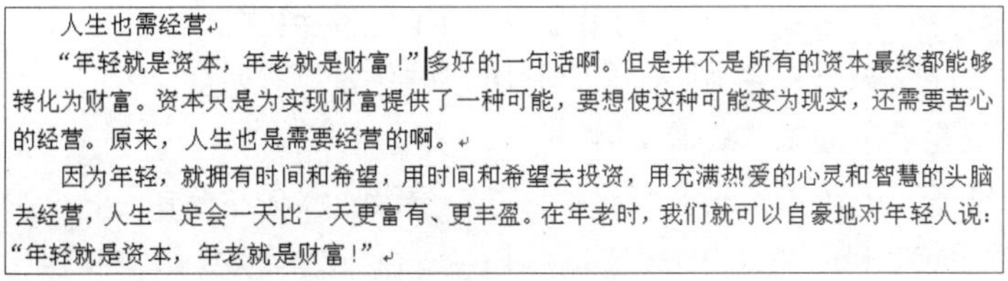

人生也需经营

"年轻就是资本，年老就是财富！"多好的一句话啊。但是并不是所有的资本最终都能够转化为财富。资本只是为实现财富提供了一种可能，要想使这种可能变为现实，还需要苦心的经营。原来，人生也是需要经营的啊。

因为年轻，就拥有时间和希望，用时间和希望去投资，用充满热爱的心灵和智慧的头脑去经营，人生一定会一天比一天更富有、更丰盈。在年老时，我们就可以自豪地对年轻人说："年轻就是资本，年老就是财富！"

图 4-14　两段合并为一段

步骤 7：字符串的查找和替换

（1）选择"开始"→"查找"→"高级查找"命令，打开"查找和替换"对话框，如图 4-15 所示。在"查找内容"框内输入"财富"，选择"阅读突出显示"→"全部突出显示"，把文本中的"财富"全部用背影颜色显示出来，如图 4-16 所示。

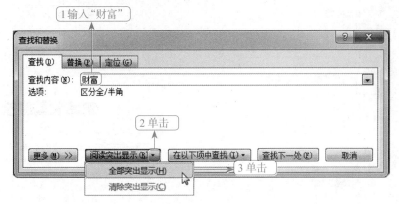

图 4-15　查找对话框

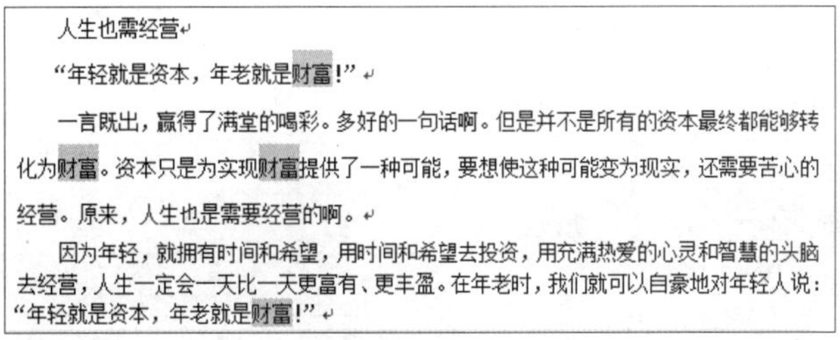

人生也需经营

"年轻就是资本，年老就是财富！"

一言既出，赢得了满堂的喝彩。多好的一句话啊。但是并不是所有的资本最终都能够转化为财富。资本只是为实现财富提供了一种可能，要想使这种可能变为现实，还需要苦心的经营。原来，人生也是需要经营的啊。

因为年轻，就拥有时间和希望，用时间和希望去投资，用充满热爱的心灵和智慧的头脑去经营，人生一定会一天比一天更富有、更丰盈。在年老时，我们就可以自豪地对年轻人说："年轻就是资本，年老就是财富！"

图 4-16　字符串的查找

（2）选择"开始"→"替换"命令，打开"查找和替换"对话框。在"查找内容"框内输入"人生"，在"替换为"框中输入"生命"，如图 4-17 所示，单击"全部替换"按钮，把文本中的"人生"替换为"生命"。

图 4-17　字符串的替换

步骤 8：文档另存为。把打开的文档另存为"生命也需经营"。

（1）选择"文件"→"另存为"命令，弹出"另存为"对话框。

（2）在保存位置中，选择"我的文档"。

（3）在"文件名"中输入"生命也需经营"，单击"保存"按钮。

步骤 9：设置字符格式。

（1）选中标题"生命也需经营"，单击"开始"选项卡中"字体"的下拉按钮，打开"字体"下拉列表，选择"华文琥珀"，如图 4-18 所示。

（2）单击"字号"的下拉按钮，选择"一号"，单击"加粗"和"居中"按钮，如图 4-19 所示。

图 4-18　设置字体

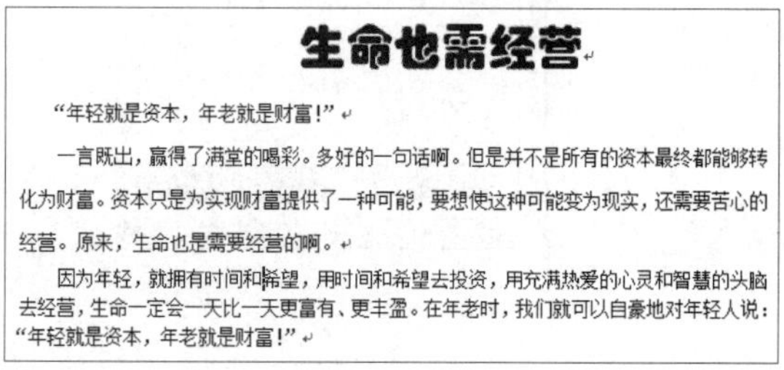

图 4-19　设置文章标题

（3）选择"中文版式"→"调整宽度"命令，打开"调整宽度"对话框，输入 10 字符，如图 4-20 所示。

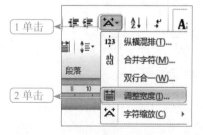

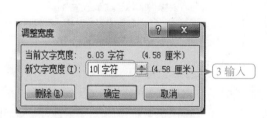

图 4-20　设置字符间距

（4）单击"确定"按钮，效果如图 4-21 所示。

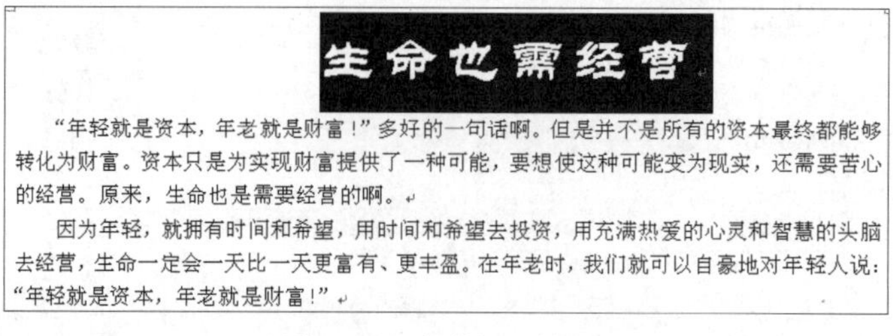

图 4-21　字符间距效果

（5）选择正文，在"开始"选项中的"字体"下拉列表框中选择"楷体"，如图4-22所示。在"字号"下拉列表框中，选择"四号"，效果如图4-23所示。

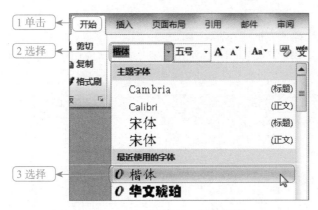

图4-22　设置字体

步骤10：设置段落格式。

（1）选择第一段。

（2）选择"开始"→"段落"命令，弹出"段落"对话框，选择"缩进和间距"选项卡。在"特殊格式"下拉列表框中，选择"首行缩进"，将"磅值"设置为"2字符"。在"行距"下拉列表框中，选择"1.5倍行距"，如图4-24所示，单击"确定"按钮。

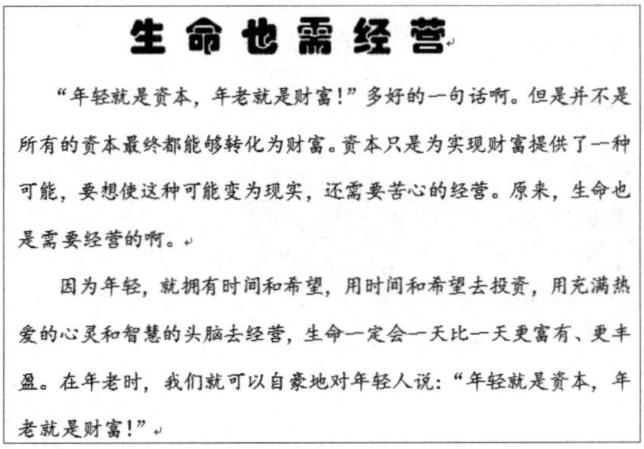

图4-23　设置字号

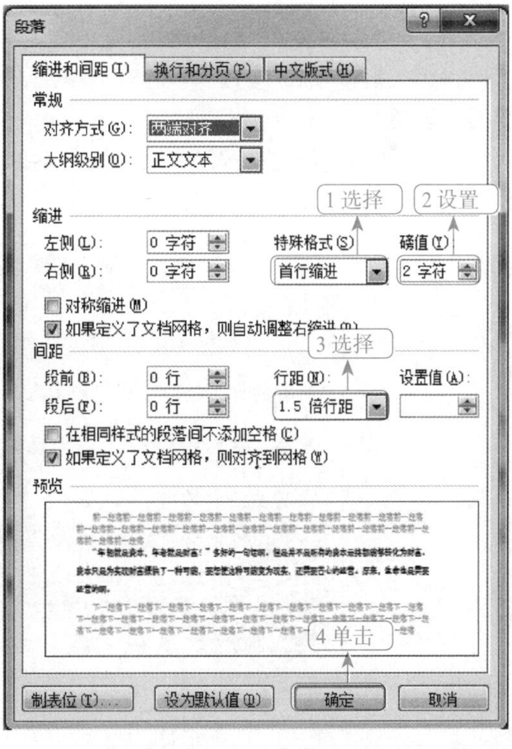

图4-24　"段落"对话框

（3）选择第二段，使用同样的方法，使第二段首行缩进2字符。将行间距设置为"单倍"，段前、段后间距设置为"0"，单击"确定"按钮。

步骤 11：设置边框和底纹。

（1）选中正文第二段，选择"开始"→"边框和底纹"命令，在"边框和底纹"对话框中选择"边框"选项卡。

（2）在"设置"栏中选择"方框"，在"样式"列表框中选择双线框，在"颜色"下拉列表框中选择蓝色，在"宽度"下拉列表框中选择"0.5 磅"，在"应用于"下拉列表框中，选择"段落"，如图 4-25 所示。

图 4-25　设置边框

（3）选择"底纹"选项卡，在"填充"栏中选择"橙色"，在"应用范围"下拉列表框中选择"段落"。

（4）单击"确定"按钮，效果如图 4-26 所示。

（5）单击工具栏中的"保存"按钮。

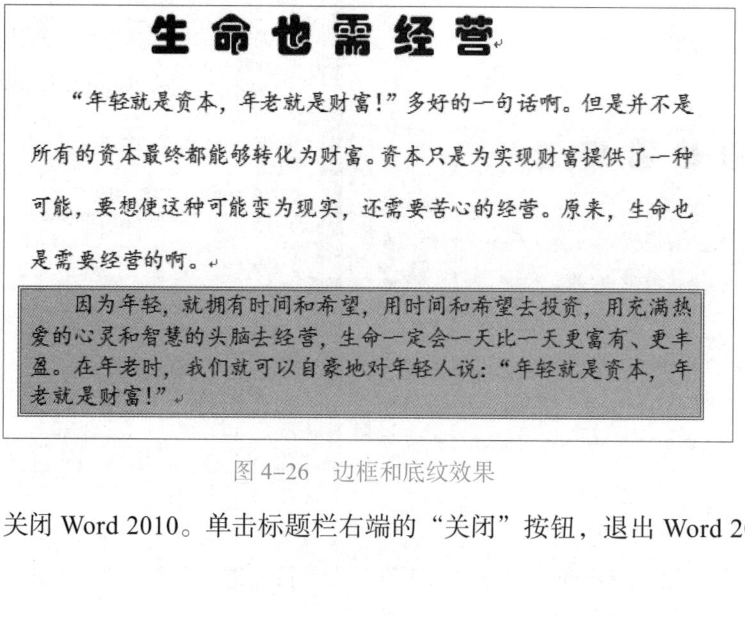

生命也需经营

"年轻就是资本，年老就是财富！"多好的一句话啊。但是并不是所有的资本最终都能够转化为财富。资本只是为实现财富提供了一种可能，要想使这种可能变为现实，还需要苦心的经营。原来，生命也是需要经营的啊。

　因为年轻，就拥有时间和希望，用时间和希望去投资，用充满热爱的心灵和智慧的头脑去经营，生命一定会一天比一天更富有、更丰盈。在年老时，我们就可以自豪地对年轻人说："年轻就是资本，年老就是财富！"

图 4-26　边框和底纹效果

步骤 12：关闭 Word 2010。单击标题栏右端的"关闭"按钮，退出 Word 2010。

实训三   Word 2010 文档编辑——制作一份讲座预告

【实训目的】掌握 Word 2010 文档的字符格式设置和段落格式设置。

【实训要求】在计算机实训室进行实训。

【实训环境】Windows 7 操作系统；Word 2010。

【实训内容】学校邀请大学教授为学生作讲座，学生会负责写一份讲座通知，告知学生参加讲座，拟好的通知效果如图 4-27 所示。

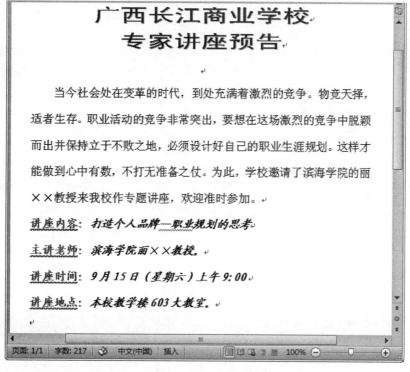

图 4-27   讲座预告效果图

【实训步骤】

步骤 1：启动 Word 2010。双击桌面 Word 2010 的快捷方式。

步骤 2：保存文档，具体操作过程如图 4-28 所示。

（1）单击快速访问工具栏中的"保存"按钮，弹出"另存为"对话框，如图 4-28 所示。

（2）在"保存位置"的下拉列表框中选择本地磁盘 F。

（3）在"文件名"组合框中输入"讲座信息预告 .docx"

（4）单击"保存"按钮。

步骤 3：在文档中输入图 4-27 中的文字内容。

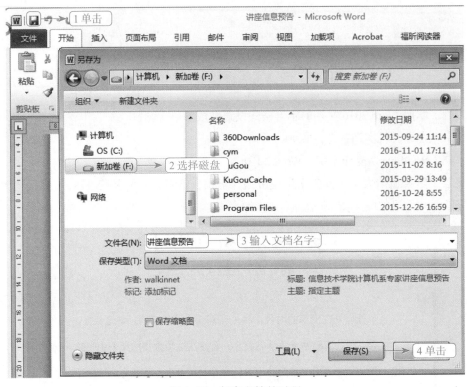

图 4-28　保存文档的过程

步骤 4：设置标题的字符格式。

（1）选中标题文字"广西长江商业学校专家讲座预告"。

（2）单击切换至"开始"选项卡，在"字体"在下拉列表中选择"黑体"，在"字号"下拉列表中选择"二号"，具体操作过程如图 4-29 所示。

（3）单击"字体"选项组中的"字体颜色"，在颜色列表框中选择"深蓝，文字 2，深色25%"，具体操作过程如图 4-30 所示。

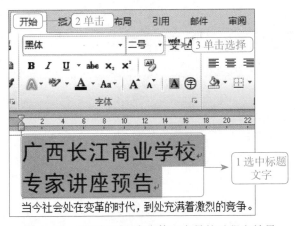

图 4-29　设置标题文字字体和字号的过程和效果

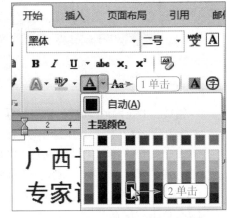

图 4-30　设置标题文字颜色的过程和效果

（4）单击"开始"选项卡"字体"面板中的"文字效果"，选择"阴影"中"外部"的"右下斜偏移"，具体操作过程如图 4-31 所示。

图 4–31　设置标题文字阴影效果的过程和效果

（5）选中文字"专家讲座预告"，单击"开始"选项卡"字体"的下拉按钮，弹出"字体"对话框，单击切换到"高级"选项卡，在"字符间距"的"缩放"下拉列表中选择"150%"，具体操作过程如图 4–32 所示。

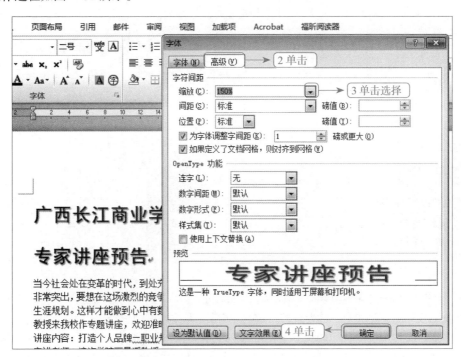

图 4–32　设置标题文字间距的过程和效果

（6）选中标题文字，单击"开始"选项卡中"段落"的"居中对齐"，具体操作过程如图 4–33 所示。

图 4-33　设置标题文字对齐方式的过程和效果

步骤 5：设置正文的字符格式。

（1）选中"当今……参加"的正文文字，在"开始"选项卡的"字体"下拉列表中选择"宋体"，在"字号"下拉列表中选择"四号"，具体步骤如图 4-34 所示。

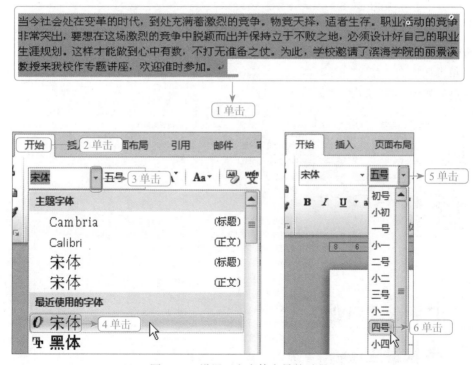

图 4-34　设置正文字体字号的过程

（2）选中小标题"讲座内容"，单击"开始"选项卡"字体"选项组中的"字体"下拉按钮，在下拉列表中选择"楷体 _GB2312"，在"字号"下拉列表中选择"四号"。单击"开始"选项卡"字体"面板中的字体"颜色"下拉按钮，在颜色列表框中选择"红色"。单击"下划线"下拉按钮，在下拉列表中选择"粗波浪"。最后单击"加粗"。具体操作过程和效果如图 4-35 和图 4-36 所示。

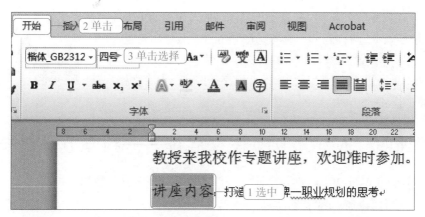

图 4-35　设置标题字体字号的过程和效果

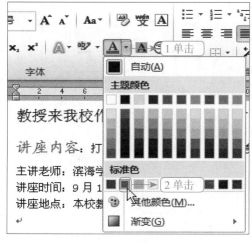

图 4-36　设置标题颜色、下画线和加粗的过程和效果

（3）将插入点定位在文字"讲座内容"当中，单击"剪贴板"选项卡中的"格式刷"按钮，在文字"主讲老师""讲座时间""讲座地点"上单击并拖动鼠标，将"讲座内容"的格式复制到其他标题。具体操作过程和效果如图 4-37 所示。

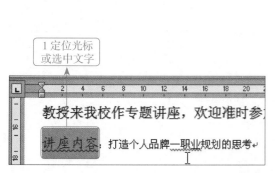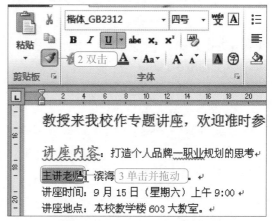

图 4-37　用格式刷复制格式的过程

（4）分别选择正文文本"打造个人品牌—职业规划的思考""滨海学院丽××教授""9月15日（星期六）上午9:00""本校教学楼603大教室"重复（1）中的操作，将字体设置为"楷体_GB2312"，字号"四号"，"倾斜"。

步骤6：单击快速访问工具栏中的"保存"按钮，保存文档。具体操作过程如图4-38所示。

图4-38　保存文档的操作

实训四　Word 2010 图文混排——制作节日贺卡

【实训目的】掌握 Word 2010 文档的图片、文字、艺术字的添加设置以及排列。

【实训要求】在计算机实训室进行实训。

【实训环境】Windows 7+Word 2010。

【实训内容】制作贺卡，效果如图4-39所示。

图4-39　贺卡效果图

【实训步骤】

1. 启动 Word 2010

双击桌面 Word 2010 的快捷方式。

2. 保存文档

步骤1：单击快速访问工具栏中的"保存"按钮，弹出"另存为"对话框。

步骤2：在"保存位置"的下拉列表框中选择本地磁盘 F。

步骤3：在"文件名"组合框中输入"节日贺卡"。

步骤4：单击"保存"按钮。

具体操作过程如图4-40所示。

图 4-40　保存文档的过程

3. 页面设置

单击"页面布局"选项卡"页面设置"选项组右下角的"对话框启动器"按钮。在弹出的"页面设置"对话框中设置"纸张方向"为"横向"，单击"确定"按钮。具体操作过程如图 4-41 所示。

图 4-41　页面设置的过程

4. 插入图片

步骤 1：单击"插入"选项卡"插图"选项组中的"图片"，在弹出的"插入图片"选项卡中，单击选择图片"QQ""卡通人物"，再单击"插入"按钮。具体操作过程如图 4-42 所示。

步骤 2：双击"QQ"图片，选项卡自动切换至"图片工具格式"，单击"位置"下拉按钮，在选项框中选择"其他布局选项"，弹出的"布局"对话框，单击"文字环绕"选项卡，在其中选择"衬于文字下方"，具体操作过程如图 4-43 所示。

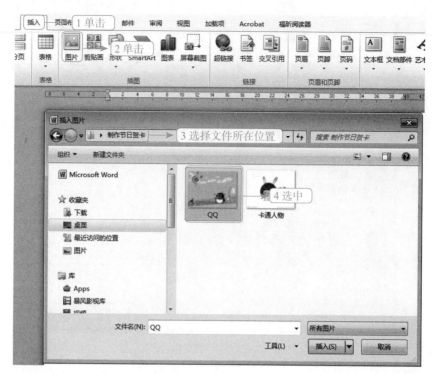

图 4-42　插入图片的过程

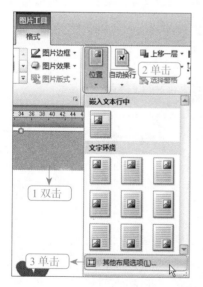

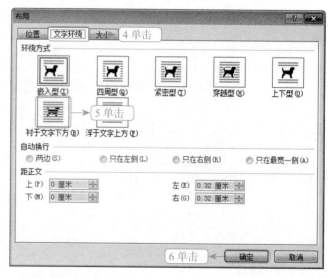

图 4-43　设置图片环绕方式的过程

步骤 3：单击拖动"QQ"图片右上角的调节点，放大图片大小使其布满整个页面。再单击选择"卡通人物"图片，拖动图片四周的调节点，缩小图片大小。具体操作过程如图 4-44 所示。

步骤 4：单击"图片工具格式"选项卡中的"颜色"下拉按钮，在列表框中选择"设置透明色"，将鼠标指针移动到图片上，在白色部分单击。具体操作过程如图 4-45 所示。插入图片和调整图片后的效果如图 4-46 所示。

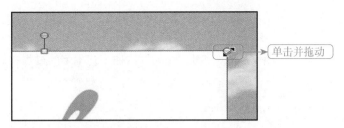

图 4-44　调整图片大小

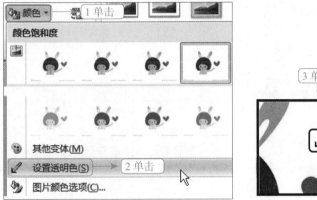
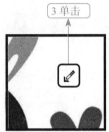

图 4-45　设置透明色的过程

图 4-46　插入图片和调整图片后的效果

5.　插入艺术字

　　步骤 1：单击"插入"选项卡中的"艺术字"，在列表框中选择"填充 – 无，轮廓 – 填充文字颜色 2"。

　　步骤 2：此时文档中出现文字输入框，在文字输入框中输入"元旦快乐！"，通过"开始"选项卡中的"字体""字号"，将艺术字的字体设置为"微软雅黑"，字号"72"。

步骤 3：重复以上（1）和（2）步骤，添加艺术字"在新的一年里，祝福大家心想事成，万事如意！"，样式为"填充 – 橙色，强调文字颜色 6，轮廓 – 强调文字颜色 6，发光 – 强调文字颜色 6"，字体"华文行楷"，字号"小初"。插入艺术字的过程和效果如图 4-47 所示。

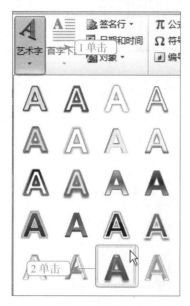
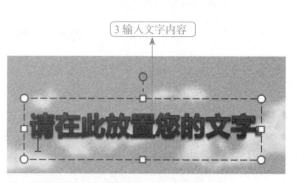

图 4-47　插入艺术字的过程和效果

6. 插入笑脸

步骤 1：单击"插入"选项卡"插图"面板中的"形状"，选择"基本形状"中的"笑脸"。具体操作过程如图 4-48 所示。

步骤 2：选中"笑脸"形状，单击"绘图工具格式"中"形状样式"的展开按钮，选择"细微效果 – 红色，强调颜色 2"，如图 4-49 所示。

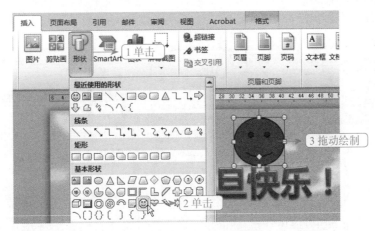

图 4-48　插入图形的过程和效果

7. 保存

单击快速访问工具栏中的"保存"按钮，保存文档。具体操作过程如图 4-50 所示。

图 4-49　修改形状样式的操作

图 4-50　保存文档的操作

实训五　Word 2010 页面设置——制作语文期中考试试卷

【实训目的】掌握 Word 2010 文档的页眉页脚的添加和编辑，设置页面大小。

【实训要求】在计算机实训室进行实训。

【实训环境】Windows 7 操作系统 +Word 2010。

【实训内容】制作一张语文期中考试试卷。

【实训步骤】

1. 启动 Word 2010

双击桌面 Word 2010 的快捷方式。

2. 保存文档

步骤 1：单击快速访问工具栏中的"保存"按钮，弹出"另存为"对话框。

步骤 2：在"保存位置"下拉列表框中选择本地磁盘 F。

步骤 3：在"文件名"组合框中输入"五年级语文期中教学质量检测卷 .docx"。

步骤 4：单击"保存"按钮。

3. 页面设置

步骤 1：单击"页面布局"选项卡的"页面设置"的"对话框启动器"按钮，弹出"页面设置"对话框，在"页边距"选项卡中选择"纸张方向"为"横向"。

步骤 2：单击切换到"纸张"选项卡，在选项卡中选择"纸张大小"为"A3"，单击"确定"

按钮。具体操作过程如图 4-51 所示。

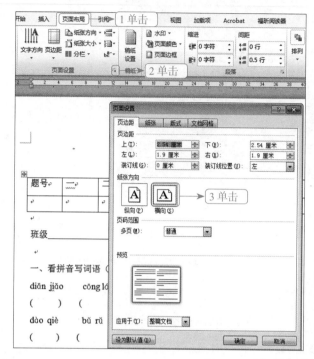

图 4-51　页面设置的操作过程

步骤 3：设置页边距。单击"页面布局"选项卡中的"页边距"，在弹出的下拉菜单中选择"适中"。具体操作过程如图 4-52 所示。

4. 分栏

试卷内容分左右两部分显示，因此，需要给页面分两栏。单击"页面布局"选项卡中的"分栏"，在弹出的下拉菜单中选择"两栏"。具体操作步骤如图 4-53 所示。

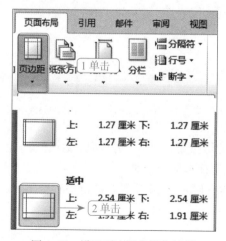

图 4-52　设置页边距的操作过程

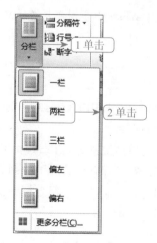

图 4-53　分栏的操作过程

5. 输入试卷内容

在文档中依次输入图 4-54 中文字内容

五年级语文期中教学质量检测卷

题号	一	二	三	四	五	六	七	总分

班级_____ 姓名_____

一、看拼音写词语（9分）

diǎn jiǎo　　cōng lóng　　cǎo zōng　　máo tíng
（　　）　（　　）　（　　）　（　　）

dào qiè　　bǔ rǔ　　bǐng xìng　　háo bù yóu yù
（　　）　（　　）　（　　）　（　　　　）

二、把词语补充完整（8分）

千(　)一律　　水(　)石穿　　星罗(　)布　　不容争(　)

安然无(　)　　(　)然大物　　(　)望相助　　风(　)雪压

三、根据课文内容填空（15分）

1.《落花生》的作者是_____，他以"_____"为笔名，勉励自己做一个有花生品格的人。

2.《梅花魂》一文，让我们看到一位漂泊海外的华侨老人那颗_____的心。《钓鱼的启示》让我们明白了一个人要是_____。

3.悠悠天宇旷，_____。

4."山一程，水一程，_____。"这句诗选自_____代诗人_____的《_____》。意思是_____。

5._____，白首方悔读书迟。

6.悠悠天宇旷，_____。

7._____，夜凉添几许。

8.世上无难事，_____。

四．按要求写句子（3分）

1.父亲的话深深地印在我的心上。（缩句）
_____

2.母亲说："这里的桂花再香，也比不上我家乡院子里的桂花。"（改为转述句）
_____

3.狮子是一种猛烈的动物。（修改病句）
_____

五、读一读，把正确答案的序号填在括号里（4分）

1."在人生的旅途中，我却不止一次遇到了与那鲈鱼相似的诱人的'鱼'"，"鱼"指（　）

A和鲈鱼差不多的鱼。 B指诱人的财物、名利等。 C指好朋友和好玩的东西。

2."急忙打开书，一页、两页，我像一匹饿狼，贪婪地读着。"这句话运用的修辞手法是（　）

A拟人　　　B比喻　　　C夸张

六、排列顺序，回答问题（6分）

（　）鹬说："今天下雨，明天不下雨，你这只蚌就要渴死。"

（　）忽然，一只水鸟鹬伸嘴去啄它的肉，河蚌马上紧闭上蚌壳，夹住了鹬的嘴。

（　）一只蚌在江边晒太阳。

（　）双方互不放开。一个渔夫看见了，便把它们一同捉走了。

（　）河蚌地对鹬说："今天不松口，明天不松口，你这只鹬就要饿死。"

图 4-54　试卷文字内容

> 七、写近义词和反义词（6分）
>
> 1.近义词
>
> 偶尔——（　　） 　　宽敞——（　　　）　　 特殊——（　　　　）
>
> 2.反义词
>
> 慈祥——（　　） 　　集中——（　　　）　　 沮丧——（　　　）

图 4-54　试卷文字内容（续）

6. 设置字体格式

按【Alt+A】组合键，使文档中所有文字处于选中的状态，单击"开始"选项卡"字体"选项组的"对话框启动器"按钮，在弹出的"字体"对话框中（见图4-55）设置"中文字体"为"宋体"，"西文字体"为"Times New Roman"，"字号"为"四号"。

图 4-55　设置字体格式的操作步骤

7. 设置段落格式

按【Alt+A】组合键，全选文档中所有文字，单击"开始"选项卡"段落"中的"对话框启动器"按钮，在弹出的"段落"对话框中（见图4-56）设置"间距"的"段后"为"0.5行"，"行距"为"单倍行距"。

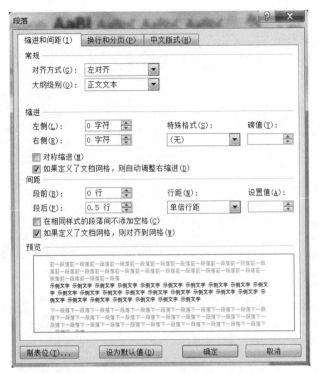

图 4-56　"段落"对话框

8. 保存

单击快速访问工具栏中的"保存"按钮 ，保存文档。

实训六　Word 2010 表格的制作与编辑

【实训目的】

（1）掌握 Word 2010 表格的创建。

（2）掌握表格的输入、编辑方法。

（3）掌握表格的格式化方法。

（4）掌握表格的公式计算。

【实训要求】在计算机实训室进行实训。

【实训环境】Windows 7 操作系统 + Word 2010。

【实训内容】Word 2010 表格的创建，表格的输入、编辑方法，表格的格式化方法，表格数据的排序，表格数据的公式计算。

【实训步骤】

1. 新建 Word 文档

启动 Word 2010，新建一个空白文档。

2. 创建表格

选择"插入"→"表格"→"插入表格"命令，弹出"插入表格"对话框，设置列、行数分别为 5，6，效果如图 4-57 所示，

图 4-57　"插入表格"对话框

单击"确定"按钮。

按表 4-1 输入表格内容。

表 4-1　学生成绩表

姓　名	语　文	数　学	英　语	计　算　机
王心研	85	90	95	87
吴天作	77	80	64	86
方小萍	90	78	96	75
李　雷	81	95	76	89
林　逸	83	62	79	68

3. 编辑表格

步骤 1：将光标定位在表格第五行，选择"表格工具"→"布局"→"删除"→"删除行"命令（见图 4-58）删除该行。

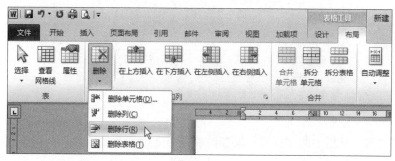

图 4-58　表格删除"行"

步骤 2：将光标定位在表格的最后一行，选择"表格工具"→"布局"→"在下方插入"命令（见图 4-59），在表格的最下方增加一个新的空行。

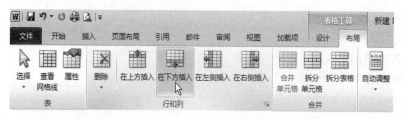

图 4-59　表格插入"行（在下方）"

步骤 3：将光标定位在"计算机"列，选择"表格工具"→"布局"→"在右侧插入"命令（见图 4-60），在表格的最右侧增加一个新列"总分"。

图 4-60　表格插入"列（在右侧）"

步骤 4：将光标定位在"姓名"列，选择"表格工具"→"布局"→"在左侧插入"命令（见图 4-61），在表格的最左侧增加一个新列"学号"。

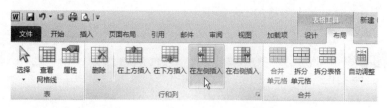

图 4-61　表格插入"列（在左侧）"

4. 输入表中的内容

选中整个表格，选择"表格工具"→"布局"→"水平居中"命令（见图 4-62），将所有单元格中文字设置为水平和垂直居中，得到如表 4-2 所示的新表格。

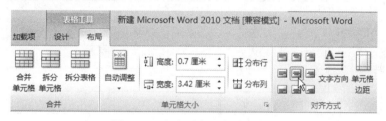

图 4-62　文字对齐"水平居中"

表 4-2　学生成绩表

姓　　名	语　文	数　学	英　语	计　算　机
王心研	85	90	95	87
吴天作	77	80	64	86
方小萍	90	78	96	75
李　雷	81	95	76	89
林　逸	83	62	79	68

5. 行高、列宽的调整

步骤 1：将鼠标指针移动到表格行（或列）线上，鼠标指针变成双向箭头时，拖动鼠标将高或列宽调整到合适大小。

步骤 2：全选表格，选择"表格工具"→"布局"命令，弹出"布局"选项卡，在"单元格大小"选项组中，分别在"高度"选项中输入指定行高为 1 厘米，在"宽度"选项中输入指定列宽为 2 厘米，按【Enter】键或在任意空白处单击确定输入（见图 4-63）。

图 4-63　"单元格大小"选项组

6. 合并、拆分单元格

步骤 1： 将光标定位在表格的第一行，选择"表格工具"→"布局"→"在上方插入"命令（见图 4-64），在表格的最上方增加一个新的空行。

图 4-64　表格插入"行（在上方）"

步骤 2： 选中"学号"及以上单元格，如图 4-65 所示。

学号	姓名	语文	数学	英语	计算机	总分
1001	王心研	85	90	95	87	
1002	吴天作	77	80	64	86	
1003	方小萍	90	78	96	75	
1004	林　逸	83	62	79	68	
1005	凌　一	90	89	95	86	

图 4-65　选中单元格

步骤 3： 选择"表格工具"→"布局"→"合并单元格"命令（见图 4-66）。使用同样的方法合并其他单元格，输入新增内容，得到表 4-3 所示的新表格。

图 4-66　合并单元格

表 4-3　学生成绩表

学　号	姓　名	课　　程				总　分
		语　文	数　学	英　语	计 算 机	
1001	王心研	85	90	95	87	
1002	吴天作	77	80	64	86	
1003	方小萍	90	78	96	75	
1004	林　逸	83	62	79	68	
1005	凌　一	90	89	95	86	

7. 表格的格式化

步骤 1: 选择整张表格，单击"开始"选项卡"段落"选项组中的"水平居中"按钮，使整个表格居中对齐显示。

步骤 2: 选择第一行，选择"表格工具"→"设计"→"底纹"下拉按钮（单击"开始"选项卡中"段落"选项组的"底纹"下拉按钮），在展开的面板中选择"白色，背景1，15%"，如图 4-67 所示。

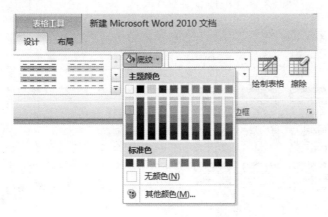

图 4-67 设置表格底纹颜色

步骤 3: 选择整张表格，选择"表格工具"中的"设计"选项卡，单击"边框"下拉按钮，在展开的下拉列表中选择"边框和底纹"，弹出"边框和底纹"对话框，在"样式"中选择"双线"，在"颜色"中选择"蓝色"，在"宽度"中选择"1.5 磅"，在"设置"中选择"方框"，在"应用于"中选择"表格"（见图 4-68），单击"确定"按钮完成。

图 4-68 表格边框设置"方框"

步骤 4: 将光标定位在表格内，选择"表格工具"中的"设计"选项卡，单击"表格样式"选项组中"其他"样式展开按钮（见图 4-69），在弹出的"表格样式"列表框中选择"浅色网格 – 强调文字颜色 3"，如图 4-70 所示，选中整个表格，将表格内容设置为"水平居中"，得到如表 4-4 所示的表格。

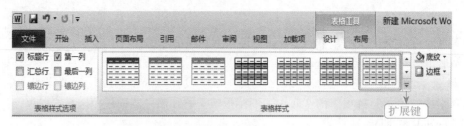

图 4-69　"表格样式"扩展按钮

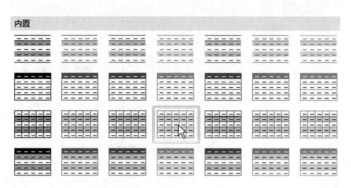

图 4-70　"表格样式"下拉框

表 4-4　学生成绩表

学　号	姓　名	课　程				总　分
		语　文	数　学	英　语	计　算　机	
1005	凌　一	90	89	95	86	
1001	王心研	85	90	95	87	
1003	方小萍	90	78	96	75	
1002	吴天作	77	80	64	86	
1004	林　逸	83	62	79	68	

8. 表格排序和计算

计算每个学生的总分，填入"总分"列中。

步骤 1：将光标移动到"总分"所在列的第三行（即表格中的第三行第七列单元格）。

步骤 2：选择"表格工具"→"布局"→"公式"命令，弹出"公式"对话框，在"公式"文本框中输入"=SUM(LEFT)"，如图 4-71 所示。

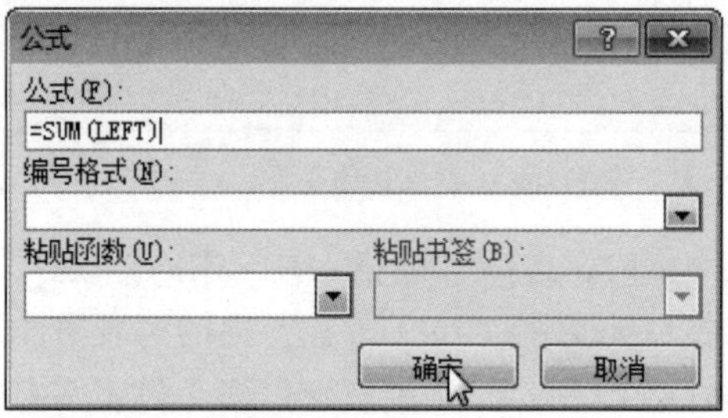

图 4-71　"公式"设置对话框

步骤 3：单击"确定"按钮，完成计算。

步骤 4：使用相同的方法计算后面的几行数据，最终效果如图 4-72 所示。

学号	姓名	课程				总分
		语文	数学	英语	计算机	
1001	王心研	85	90	95	87	357
1002	吴天作	77	80	64	86	307
1003	方小萍	90	78	96	75	339
1004	林　逸	83	62	79	68	292
1005	凌　二	90	89	95	86	360

图 4-72　"学生成绩表"

实训七　Word 2010 邮件合并

【实训目的】

"邮件合并"功能除了可以批量处理信函、信封等与邮件相关的文档外，还可以轻松地批量制作标签、工资条、成绩单等。本实训要求掌握 Word 2010"邮件合并"。

【实训要求】在计算机实训室进行实训。

【实训环境】Windows 7 操作系统 + Word 2010。

【实训内容】在 Word 2010 中使用"邮件合并"功能批量生成文档。

【实训步骤】

1. 准备数据材料

在进行邮件合并之前，首先要制作一个数据文件。以 Excel 格式为例，要求第 1 行为字段名，数据区域如图所示 4-73 所示。

	A	B	C	D	E	F	G	H	I	J	K	L	M	N
1	姓名	性别	出生年月	民族	籍贯	政治面貌	职称	职务	工号	健康状况	婚姻状况	电话	邮箱	地址
2	王大任	男	1965.12	汉族	广东	党员	职员	人事	B0012	健康	已婚	138×××5192	5454654@qq.com	××有限公司
3	张一封	男	1955.08	壮族	广西	团员	主管	经理	B0023	健康	已婚	155×××3166	686868@qq.com	××有限公司
4	李晓芳	女	1970.10	汉族	浙江	团员	职员	策划	A0031	一般	已婚	178×××7766	we5339@qq.com	××有限公司
5	李晓丹	女	1965.07	汉族	江西	群众	主管	总监	C0135	一般	离异	150×××8622	sdfs@163.com	××有限公司
6	宋大元	男	1965.12	汉族	河南	群众	职员	职员	C0002	健康	已婚	188×××5192	yuuuui@126.com	××有限公司
7	吴广新	男	1945.06	汉族	河北	群众	高级主管	总经理	D0136	健康	已婚	138×××8887	eerrtt@163.com	××有限公司
8	李立强	男	1980.02	瑶族	广西	群众	职员	人事	A0069	较弱	已婚	155×××5191	9995476@qq.com	××有限公司

图 4-73　数据区域内容

2. Word 主文档编辑

用 Word 2010 制作一个页面大小为 1/3 A4 纸尺寸的文档，并输入相应的内容，如图 4-74 所示。

3. 打开"邮件合并"任务窗格

选择"邮件"→"开始邮件合并"→"邮件合并分步向导"命令（见图 4-75），打开"邮件合并"任务窗格，如图 4-76 所示。

员工信息单

姓名		性别		出生年月		员工相片
民族		籍贯		政治面貌		
职称		职务		工号		
健康状况			婚姻状况			
电话			邮箱			
地址						

图 4-74　数据区域内容

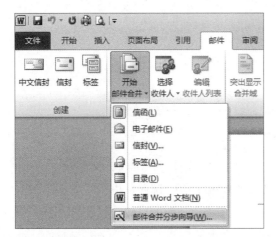

图 4-75　选择"邮件合并"向导

图 4-76　"邮件合并"任务窗格

4. 选择文档类型

步骤 1：选择"信函"单选按钮，单击"下一步：正在启动文档"超链接，任务窗格如图 4-77 所示。

步骤 2：选择"使用当前文档"单选按钮，单击"下一步：选取收件人"超链接，任务窗格如图 4-78 所示。

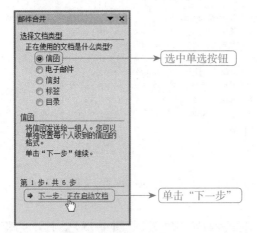

图 4-77　"邮件合并"任务窗格—选择文档类型

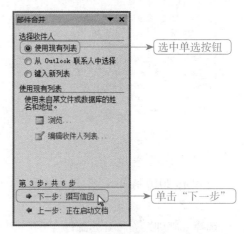

图 4-78　"邮件合并"任务窗格—选择收件人

步骤 3：单击"下一步：撰写信函"超链接，弹出"选取数据源"对话框，如图 4-79 所示。

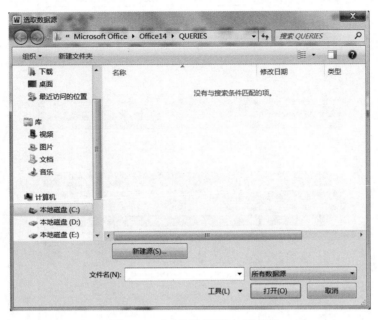

图 4-79　"选取数据源"对话框

5. 设置数据源

步骤 1：浏览编辑好的 Excel 工作簿，在"邮件合并"文件夹中选取"员工信息数据源"工作簿，单击"打开"按钮，如图 4-80 所示。

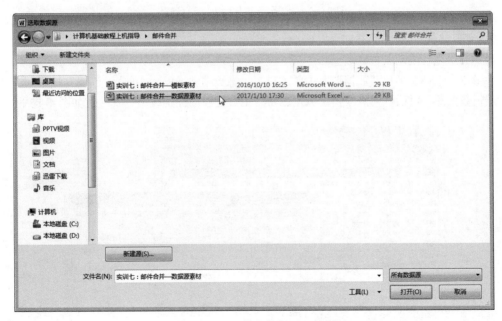

图 4-80　"员工信息数据源"数据源

步骤 2：弹出"选择表格"对话框，选择数据所在的工作表（见图 4-81），单击"确定"按钮，弹出"邮件合并收件人"对话框，如图 4-82 所示。

图 4-81 "选择表格"对话框

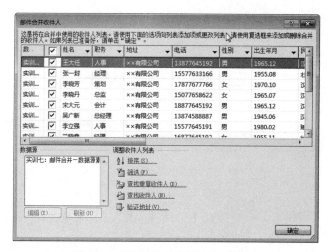

图 4-82 "邮件合并收件人"对话框

6. 查看及编辑收件人

步骤 1：拖动滚动条查看数据。

步骤 2：选择左下角"数据源"中的"员工信息数据源 .xls"，单击"编辑"按钮，在弹出的"编辑数据源"对话框中修改错误数据，将"王大任"的性别改为"女"，如图 4-83 所示。

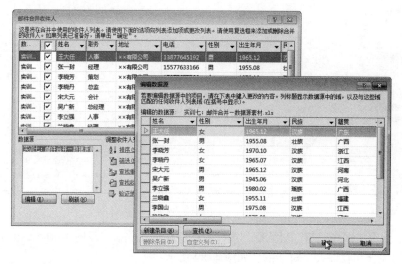

图 4-83 "编辑数据源"对话框

步骤 3：单击"确定"按钮，在弹出的"是否更新收件人列表"提示框（见图 4-84）中单击"是"按钮完成收件人数据的修改。

7. 插入数据

步骤 1：单击"下一步：撰写信函"超链接，任务窗格如图 4-85 所示。

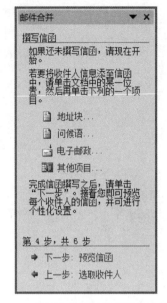

图 4-84　"更新收件人列表"提示框　　　　　图 4-85　"邮件合并"任务窗格—撰写信函

步骤 2：将光标定位到要插入姓名的位置，单击"其他项目"按钮（见图 4-86），弹出"插入合并域"对话框（见图 4-87），选择："姓名"域，单击"插入"按钮，关闭对话框。使用同样的方法插入其他域，最终形成效果如果 4-88 所示。

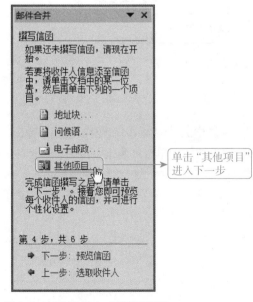

图 4-86　选择进入"其他项目"　　　　　图 4-87　"插入合并域"对话框

员工信息单

姓名	《姓名》	性别	《性别》	出生年月	《出生年月》	员工相片
民族	《民族》	籍贯	《籍贯》	政治面貌	《政治面貌》	
职称	《职称》	职务	《职务》	工号	《工号》	
健康状况	《健康状况》	婚姻状况	《婚姻状况》			
电话	《电话》	邮箱	《邮箱》			
地址	《地址》					

图 4-88 "插入合并域"后效果

8. 查看合并数据

单击"邮件合并"任务窗格中的"下一步：预览信函"，"完成合并"文档中的域就会变为相应的第 1 个记录的相应数值，如图 4-89 所示。

员工信息单

姓名	王大任	性别	女	出生年月	1965.12	员工相片
民族	汉族	籍贯	广东	政治面貌	党员	
职称	职员	职务	人事	工号	B0012	
健康状况	健康	婚姻状况	已婚			
电话	138×××5192	邮箱	5454654@qq.com			
地址	××有限公司					

图 4-89 查看合并数据

9. 合并输出

合并后的文件输出有以下两种办法：

（1）合并到新文档，单击"邮件合并"任务窗格中的"编辑单个信函"按钮，弹出"合并到新文档"对话框（见图 4-90），选择"全部"单选按钮，单击"确定"按钮，即产生一个包含所有记录的新文档，每页包含一个记录的信息。

（2）合并到打印机。直接将合并的结果输出到打印机，进行打印输出。单击"邮件合并"任务窗格中的"打印"按钮，弹出"合并到打印机"对话框（见图 4-91），选择"全部"单选按钮，单击"确定"按钮，弹出"打印"对话框（见图 4-92），在"每页的版数"下拉列表框中选择"2版"，单击"确定"按钮，即可打印输出。

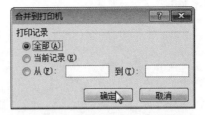

图 4-90　"合并到新文档"对话框　　　　　图 4-91　"合并到打印机"对话框

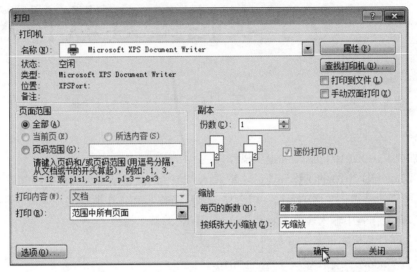

图 4-92　"打印"对话框

第5章
电子表格处理软件应用

实训一　Excel 2010 的基本操作

【实训目的】

（1）掌握 Excel 2010 的启动和退出操作。

（2）掌握 Excel 2010 的工作环境；认识 Excel 2010 的窗口基本组成；熟练掌握建立、保存和关闭工作簿等的操作；掌握单元格、单元格区域、工作表和工作簿等的基本概念和操作。

（3）掌握工作表中输入表格内容和格式化工作表的基本操作。

【实训要求】在计算机实训室进行实训。

【实训环境】Windows 7 操作系统 + Excel 2010。

【实训内容】

通过实训"学生信息表"的录入，掌握以下内容：

（1）使用多种方法启动 Excel 2010，熟悉 Excel 2010 的工作环境。

（2）熟练掌握建立、保存和关闭工作簿等的操作。

（3）在工作表中输入表格内容，能使用多种方法进行各种类型数据的输入（如数字、文本数据、日期和时间、特殊符号等），并能对其进行编辑和修改。

（4）会使用填充柄填充数据，会自定义数据并填充序列，能够实现等比等差序列数字的自动填充。

（5）会定义工作表，能在各工作表之间进行切换与顺序调整。

（6）如何插入、删除行和列，以及"合并后居中"按钮的使用。

【实训步骤】

1. 启动 Excel 2010

启动 Excel 2010 的方法有以下几种：

（1）选择"开始"→"所有程序"→"Microsoft Office"→"Microsoft Excel 2010"命令。

（2）双击桌面上的 Excel 2010 快捷图标。

（3）选择"开始"→"运行"命令，弹出"运行"对话框，输入 Excel 2010，然后单击"确定"按钮，打开 Excel 2010 的操作界面，如图 5-1 所示，这就创建一个工作簿 Book1，工作簿 Book1 中默认包含三张工作表 Sheet1、Sheet2、Sheet3。

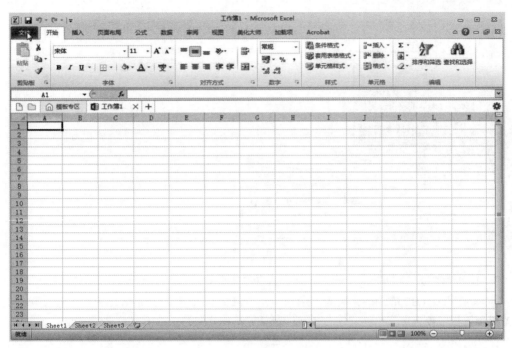

图 5-1　Excel 2010 工作界面

2. 数据的输入

1) 制作表格标题

步骤 1: 在工作表中, 选中 A1 单元格, 输入"2015 级计算机 (1) 班学生信息表"。

步骤 2: 选中 A1:G1 单元格区域, 单击"开始"选项卡中的"合并后居中"按钮, 使标题居中对齐, 效果如图 5-2 所示。

图 5-2　输入表头内容并合并居中

2) A 列 (班级) 数据输入 (快速输入相同的数据)

步骤 1: 选中 A2 单元格, 输入"班级", 再在 A3 单元格中输入"2015 级 (1) 班"。

步骤 2: 将光标定位在 A3 单元格的右下角, 当光标变成"+"时, 向下拖动鼠标至 A10 单元格, 单击"自动填充选项"图标的下拉按钮, 在弹出的菜单中选择"复制单元格"命令, 则在 A3:A10 单元格区域内输入相同的内容, 效果如图 5-3 所示。

图 5-3　输入相同内容

3）B 列（学号）数据输入（输入序列方式和文本数据）

步骤 1：选中 B2 单元格，输入"学号"，再选择 B3:B10 单元格区域，右击后在弹出的下拉菜单中选择"设置单元格格式"，在"设置单元格格式"对话框的"数字"选项卡中选择"文本"，然后单击"确定"按钮即可，如图 5-4 所示。

图 5-4　设置文本格式

步骤 2：在 B3 单元格中输入"0001"，将光标定位在 B3 单元格的右下角，当光标变成"+"时，向下拖动鼠标至 B10 单元格，单击"自动填充选项"图标的下拉按钮，在弹出的菜单中选择"填充序列"命令，则在 B3:B10 单元格区域中填充序列的文本内容，效果如图 5-5 所示。

图 5-5　填充序列和文本

4）C、D 列（姓名、性别）数据输入

输入数据后效果如图 5-6 所示。

图 5-6　C、D 列数据输入

5）E 列（出生日期）数据输入

在"设置单元格格式"对话框的"数字"选项卡中选择"日期"来设置日期格式。注意：
在输入日期时，有时会因单元格列宽不够，内容不显示而出现"#"号，这时需要适当调整列宽。
效果如图 5-7 所示。

图 5-7　日期输入

6）F、G 列（QQ、期考总分）数据输入，效果如图 5-8 和图 5-9 所示。

图 5-8　设置小数位数

班级	学号	姓名	性别	出生日期	QQ号	期考总分
				2015级计算机(1)班学生信息表		
2015级（1）班	0001	张飞燕	女	1999年10月8日	459088799	552.40
2015级（1）班	0002	李亚明	男	2000年1月12日	521238558	490.00
2015级（1）班	0003	黄国强	男	1998年12月18日	1258863354	526.80
2015级（1）班	0004	罗小英	女	1999年11月1日	742512535	482.55
2015级（1）班	0005	李艳艳	女	1999年2月9日	5862358854	422.50
2015级（1）班	0006	张国胜	男	1999年5月3日	1586455233	399.10
2015级（1）班	0007	张丽敏	女	1998年12月8日	899845622	560.80
2015级（1）班	0008	罗海锋	男	1999年8月20日	6382557744	488.60

图 5-9　最终效果图

3. 保存

保存 Excel 2010 工作表的常用方法如下：

（1）选择"文件"→"保存"命令。

（2）在快速访问工具栏中点击"保存"按钮。

（3）按【Ctrl+S】组合键。

4. 退出

退出 Excel 2010 的常用方法如下：

（1）单击 Excel 2010 窗口右上角的"关闭"按钮。

（2）选择"文件"→"退出"命令。

（3）按【Alt+F4】组合键。

实训二　工作表的编辑与管理

【实训目的】

（1）掌握工作表的命名、保存方法。

（2）掌握单元格内容的复制、粘贴的方法。

（3）掌握单元格格式设置、行、列的插入及相关操作。

（4）掌握公式的使用。

【实训要求】在计算机实训室进行实训。

【实训环境】Windows 7 操作系统 + Excel 2010。

【实训内容】制作如图 5-10 所示的"爱家超市进货登记表"。

属性 编号	商品名	数量	生产厂家	单价	总金额
爱家超市进货登记表					
1	笔记本	200	上海	5.5	¥1,100.00
2	铅笔	300	上海	1.5	¥450.00
3	毛笔	150	上海	6.5	¥975.00
4	笔记本	200	上海	5.5	¥1,100.00
5	铅笔	300	上海	1.5	¥450.00
6	毛笔	150	上海	6.5	¥975.00
7	笔记本	200	上海	5.5	¥1,100.00
8	铅笔	300	上海	1.5	¥450.00
9	毛笔	150	上海	6.5	¥975.00
10	笔记本	200	上海	5.5	¥1,100.00
11	铅笔	300	上海	1.5	¥450.00
12	毛笔	150	上海	6.5	¥975.00
13	笔记本	200	上海	5.5	¥1,100.00
14	铅笔	300	上海	1.5	¥450.00
15	毛笔	150	上海	6.5	¥975.00

图 5-10　爱家超市进货登记表效果图

【实训步骤】

1. 新建、命名、保存工作簿、工作表

步骤 1：启动 Excel 2010。

步骤 2：更改工作表的名称，选中工作表 Sheet1 并右击，在弹出的快捷菜单中选择"重命名"命令，如图 5-11 所示，输入"爱家超市进货登记表"，然后单击任意单元格即可。

图 5-11　更改工作表名称

步骤 3：保存工作簿名为"爱家超市进货登记表"到相应的文件夹下。

2. 制作表格标题

表格标题效果如图 5-12 所示。

图 5-12　制作表格标题

3. 制作斜线表头

步骤 1：选中 A2 单元格，并适当调整行高和列宽。

步骤 2：选中 A2 单元格，右击后，在弹出的下拉列表中选择"设置单元格格式"→"边框"→"斜线"命令，单击"确定"按钮。

步骤 3：输入表头内容"属性编号"，再把光标定位在"性"和"编"之间，按【Alt＋Enter】组合键，把"属性编号"分成两行，最后使用空格键把"属性"和"编号"调到斜线的两端，效果如图 5-13 所示。

4. 输入表格其他内容

步骤 1：在 A 列使用序列填充完成数据录入。

步骤 2："商品名"列先在 B3~B5 单元格分别输入"笔记本、铅笔、毛笔"，然后选中 B3:B5 单元格区域，将光标定位在单元格的右下角，当光标变成"＋"时，向下拖动鼠标至 B17 单元格，在弹出的菜单中选择"复制单元格"命令，则在 B6:B17 单元格区域中复制相应的文本内容，效果如图 5-14 所示。

步骤 3：在 C、D、E、F 列按照步骤 2 的方法完成单元格内容的录入，效果如图 5-15 所示。

图 5-13　制作斜线表头

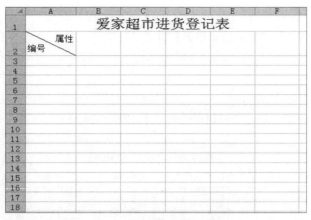

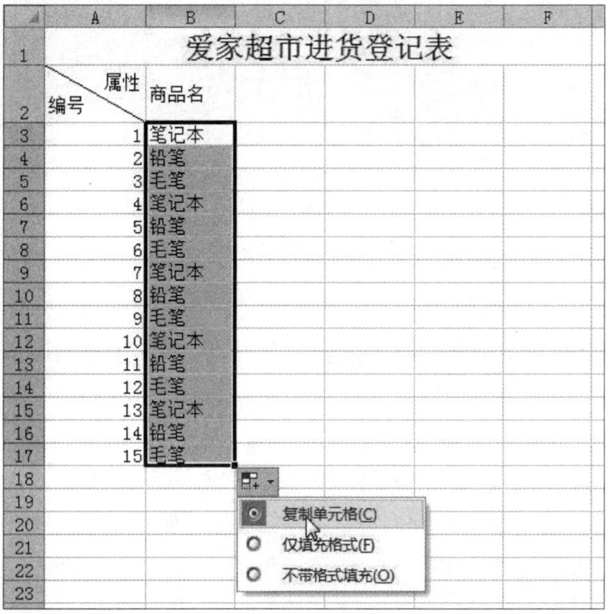

图 5-14　复制单元格内容

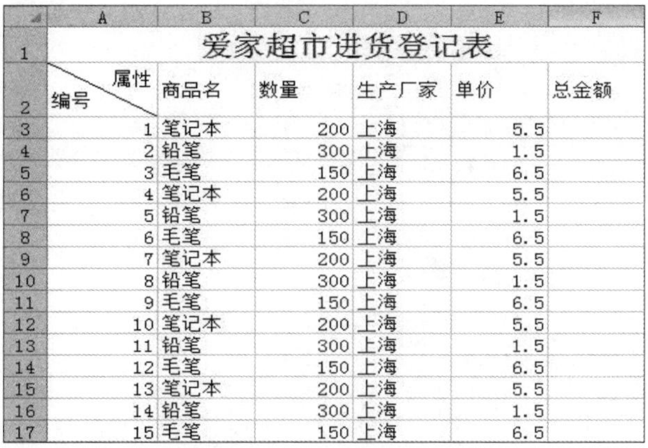

爱家超市进货登记表

属性 / 编号	商品名	数量	生产厂家	单价	总金额
1	笔记本	200	上海	5.5	
2	铅笔	300	上海	1.5	
3	毛笔	150	上海	6.5	
4	笔记本	200	上海	5.5	
5	铅笔	300	上海	1.5	
6	毛笔	150	上海	6.5	
7	笔记本	200	上海	5.5	
8	铅笔	300	上海	1.5	
9	毛笔	150	上海	6.5	
10	笔记本	200	上海	5.5	
11	铅笔	300	上海	1.5	
12	毛笔	150	上海	6.5	
13	笔记本	200	上海	5.5	
14	铅笔	300	上海	1.5	
15	毛笔	150	上海	6.5	

图 5-15　单元格内容录入

5. 单元格格式化

步骤 1：调整行高和列宽，方法有以下几种。

（1）移动鼠标到行号（列标）的分界线上鼠标变成双向箭头，拖动鼠标调整到合适的行高（列宽）。

（2）选定所需要调整的单元格区域，右击选择"行高"命令，打开"行高"对话框，输入行高值"23.25"，再单击"确定"按钮即可，效果如图 5-16 所示。

图 5-16　设置单元格行高

（3）双击行号（列标）的分界线可以根据文字的大小及多少自动设置合适的列宽，效果如图 5-17 所示。

图 5-17　调整行高和列宽后的工作表

步骤 2：设置对齐方式，方法如下。

（1）选择需要设置对齐方式的单元格。

（2）右击后在弹出的快捷菜单中选择"设置单元格格式"命令，在"设置单元格格式"对话框中单击切换到"对齐"选项卡，如图 5-18 所示。

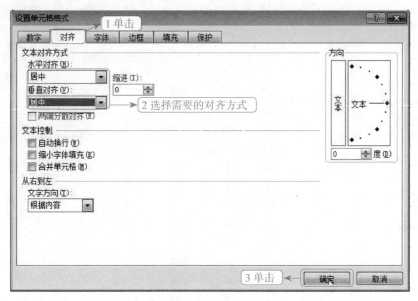

图 5-18　"对齐"选项卡

（3）单击"确定"按钮。效果如图 5-19 所示。

	A	B	C	D	E	F
1	爱家超市进货登记表					
2	属性\编号	商品名	数量	生产厂家	单价	总金额
3	1	笔记本	200	上海	5.5	
4	2	铅笔	300	上海	1.5	
5	3	毛笔	150	上海	6.5	
6	4	笔记本	200	上海	5.5	
7	5	铅笔	300	上海	1.5	
8	6	毛笔	150	上海	6.5	
9	7	笔记本	200	上海	5.5	
10	8	铅笔	300	上海	1.5	
11	9	毛笔	150	上海	6.5	
12	10	笔记本	200	上海	5.5	
13	11	铅笔	300	上海	1.5	
14	12	毛笔	150	上海	6.5	
15	13	笔记本	200	上海	5.5	
16	14	铅笔	300	上海	1.5	
17	15	毛笔	150	上海	6.5	

图 5-19　设置"居中"对齐后的工作表

步骤3：字体设置。选中表格标题的字体为"黑体"，字号为"18"；设置其他内容为"宋体"，字号为"12"。效果如图5-20所示。

	A	B	C	D	E	F
1	爱家超市进货登记表					
2	属性 编号	商品名	数量	生产厂家	单价	总金额
3	1	笔记本	200	上海	5.5	
4	2	铅笔	300	上海	1.5	
5	3	毛笔	150	上海	6.5	
6	4	笔记本	200	上海	5.5	
7	5	铅笔	300	上海	1.5	
8	6	毛笔	150	上海	6.5	
9	7	笔记本	200	上海	5.5	
10	8	铅笔	300	上海	1.5	
11	9	毛笔	150	上海	6.5	
12	10	笔记本	200	上海	5.5	
13	11	铅笔	300	上海	1.5	
14	12	毛笔	150	上海	6.5	
15	13	笔记本	200	上海	5.5	
16	14	铅笔	300	上海	1.5	
17	15	毛笔	150	上海	6.5	

图5-20 设置字体格式

步骤4：设置表格边框，方法如下。

（1）选择需要添加边框的单元格。

（2）右击后从弹出的下拉列表中选择"设置单元格格式"命令，在"设置单元格格式"对话框中单击切换到"边框"选项卡，如图5-21所示。

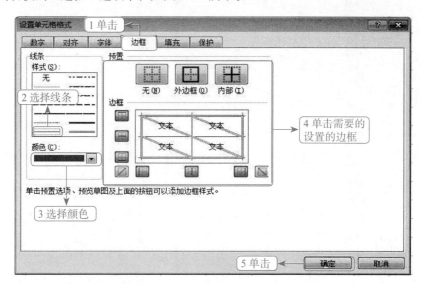

图5-21 "边框"选项卡

（3）选择"双线红色"外边框和"单线蓝色"内边框，单击"确定"按钮。效果如图 5-22 所示。

编号\属性	商品名	数量	生产厂家	单价	总金额
爱家超市进货登记表					
1	笔记本	200	上海	5.5	
2	铅笔	300	上海	1.5	
3	毛笔	150	上海	6.5	
4	笔记本	200	上海	5.5	
5	铅笔	300	上海	1.5	
6	毛笔	150	上海	6.5	
7	笔记本	200	上海	5.5	
8	铅笔	300	上海	1.5	
9	毛笔	150	上海	6.5	
10	笔记本	200	上海	5.5	
11	铅笔	300	上海	1.5	
12	毛笔	150	上海	6.5	
13	笔记本	200	上海	5.5	
14	铅笔	300	上海	1.5	
15	毛笔	150	上海	6.5	

图 5-22 设置边框后的工作表

步骤 5：设置单元格底纹，方法如下。

（1）选择需要添加底纹的单元格。

（2）右击后从弹出的下拉列表中选择"设置单元格格式"命令，在"设置单元格格式"对话框中单击切换到"填充"选项卡，如图 5-23 所示。

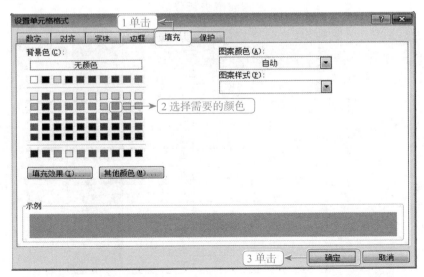

图 5-23 "填充"选项卡

（3）选择"淡紫色"底纹，单击"确定"按钮。效果如图 5-24 所示。

	A	B	C	D	E	F
1			爱家超市进货登记表			
2	属性 编号	商品名	数量	生产厂家	单价	总金额
3	1	笔记本	200	上海	5.5	
4	2	铅笔	300	上海	1.5	
5	3	毛笔	150	上海	6.5	
6	4	笔记本	200	上海	5.5	
7	5	铅笔	300	上海	1.5	
8	6	毛笔	150	上海	6.5	
9	7	笔记本	200	上海	5.5	
10	8	铅笔	300	上海	1.5	
11	9	毛笔	150	上海	6.5	
12	10	笔记本	200	上海	5.5	
13	11	铅笔	300	上海	1.5	
14	12	毛笔	150	上海	6.5	
15	13	笔记本	200	上海	5.5	
16	14	铅笔	300	上海	1.5	
17	15	毛笔	150	上海	6.5	

图 5-24　设置底纹后的工作表

6. 公式的使用

步骤 1：公式使用的方法如下。

（1）在工作表中，单击需要输入公式的单元格 F3。

（2）在 F3 单元格中输入 "="。

（3）在 "=" 后面选择 C3 单元格，再输入乘号 "*"，然后选择 E3 单元格，如图 5-25 所示。

	A	B	C	D	E	F
1			爱家超市进货登记表			
2	属性 编号	商品名	数量	生产厂家	单价	总金额
3	1	笔记本	200	上海	5.5	＝E3*C3
4	2	铅笔	300	上海	1.5	
5	3	毛笔	150	上海	6.5	
6	4	笔记本	200	上海	5.5	
7	5	铅笔	300	上海	1.5	
8	6	毛笔	150	上海	6.5	
9	7	笔记本	200	上海	5.5	
10	8	铅笔	300	上海	1.5	
11	9	毛笔	150	上海	6.5	
12	10	笔记本	200	上海	5.5	
13	11	铅笔	300	上海	1.5	
14	12	毛笔	150	上海	6.5	
15	13	笔记本	200	上海	5.5	
16	14	铅笔	300	上海	1.5	
17	15	毛笔	150	上海	6.5	

图 5-25　创建公式

（4）单击"确定"按钮。再使用序列填充的方法，可得效果如图 5-26 所示。

编号\属性	商品名	数量	生产厂家	单价	总金额
			爱家超市进货登记表		
1	笔记本	200	上海	5.5	1100
2	铅笔	300	上海	1.5	450
3	毛笔	150	上海	6.5	975
4	笔记本	200	上海	5.5	1100
5	铅笔	300	上海	1.5	450
6	毛笔	150	上海	6.5	975
7	笔记本	200	上海	5.5	1100
8	铅笔	300	上海	1.5	450
9	毛笔	150	上海	6.5	975
10	笔记本	200	上海	5.5	1100
11	铅笔	300	上海	1.5	450
12	毛笔	150	上海	6.5	975
13	笔记本	200	上海	5.5	1100
14	铅笔	300	上海	1.5	450
15	毛笔	150	上海	6.5	975

图 5-26　使用公式计算后的工作表

步骤 2：设置货币符号 "¥"和小数位数，方法如下。

（1）选择需要设置的单元格。

（2）右击后从弹出的下拉列表中选择"设置单元格格式"命令，在"设置单元格格式"对话框中单击切换到"数字"选项卡，再选择"货币"，如图 5-27 所示。

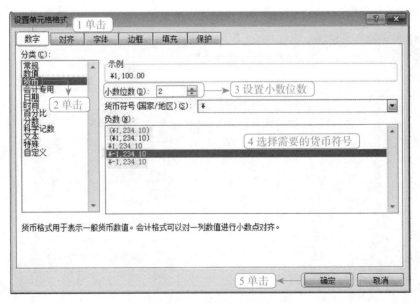

图 5-27　"填充"选项卡

（3）选择货币符号"￥"和两位小数，单击"确定"按钮。最终效果如图 5-28 所示。

编号	商品名	数量	生产厂家	单价	总金额
					爱家超市进货登记表
1	笔记本	200	上海	5.5	￥1,100.00
2	铅笔	300	上海	1.5	￥450.00
3	毛笔	150	上海	6.5	￥975.00
4	笔记本	200	上海	5.5	￥1,100.00
5	铅笔	300	上海	1.5	￥450.00
6	毛笔	150	上海	6.5	￥975.00
7	笔记本	200	上海	5.5	￥1,100.00
8	铅笔	300	上海	1.5	￥450.00
9	毛笔	150	上海	6.5	￥975.00
10	笔记本	200	上海	5.5	￥1,100.00
11	铅笔	300	上海	1.5	￥450.00
12	毛笔	150	上海	6.5	￥975.00
13	笔记本	200	上海	5.5	￥1,100.00
14	铅笔	300	上海	1.5	￥450.00
15	毛笔	150	上海	6.5	￥975.00

图 5-28　最终效果图

实训三　常用函数的使用

【实训目的】

（1）工作表内容的输入和格式化。

（2）理解工作表中函数的定义。

（3）掌握工作表中常用函数的使用方法。

【实训要求】在计算机实训室进行实训。

【实训环境】Windows 7 操作系统 + Excel 2010。

【实训内容】制作如图 5-29 所示的"学生成绩表"。

学号	姓名	语文	数学	英语	体育	总分	平均分	最高分	统计不及格的科目
									2015级计算机班学生成绩表
151001	李小燕	79	88	85	58	310	77.50	88	1
151002	张兰	88	75	55	89	307	76.75	89	1
151003	罗进明	89	92	88	95	364	91.00	95	0
151004	黄强	96	95	97	98	386	96.50	98	0
151005	李明艳	69	74	79	68	290	72.50	79	0
151006	陈丽丽	60	68	75	53	256	64.00	75	1
151007	黄国胜	50	69	58	88	265	66.25	88	2
151008	赵海锋	89	85	90	87	351	87.75	90	0

图 5-29　学生工作表实例效果图

【实训步骤】

1. 创建工作表，并输入内容

步骤 1：启动 Excel 2010，单击"保存"按钮，将其保存为"2015 级计算机班学生成绩表"。

步骤 2：在"2015 级计算机班学生成绩表"工作表中输入相应的内容，并按照效果图设置相应的格式，完成后的效果如图 5-30 所示。

学号	姓名	语文	数学	英语	体育	总分	平均分	最高分	统计不及格的科目
				2015级计算机班学生成绩表					
151001	李小燕	79	88	85	58				
151002	张兰	88	75	55	89				
151003	罗进明	89	92	88	95				
151004	黄强	96	95	97	98				
151005	李明艳	69	74	79	68				
151006	陈丽丽	60	68	75	53				
151007	黄国胜	50	69	58	88				
151008	赵海锋	89	85	90	87				

图 5-30 输入内容并设置格式后的工作表

2. 利用函数计算总分、平均分、最高分和统计不及格的科目

步骤 1：计算总分，方法如下。

（1）选中 G3 单元格，单击"开始"面板下的"自动求和"按钮"Σ"，再单击下拉菜单，选中"求和"命令，如图 5-31 所示。

图 5-31 利用"自动求和"按钮求总分

（2）选中 G3 单元格，单击插入函数按钮“fx”，弹出“插入函数”对话框，如图 5-32 所示，选择“求和”函数“SUM”，单击“确定”按钮，弹出“函数参数”对话框，在文本框中输入或选择参数，需要求和的单元格区域为 C3:F3，效果如图 5-33 所示，然后单击“确定”按钮。

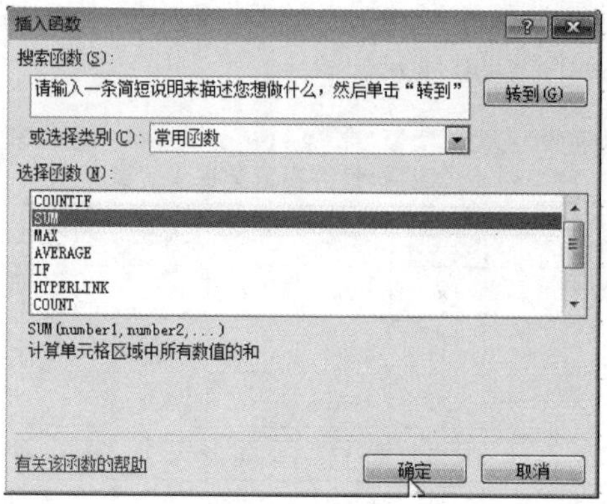

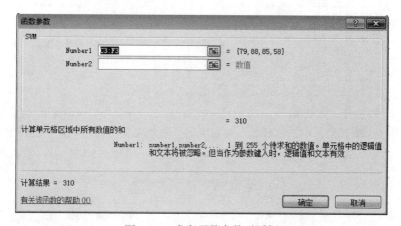

图 5-32　插入求和函数对话框

图 5-33　求和函数参数对话框

（3）再利用填充柄拖动鼠标至 G10 单元格，即可求出全部学生的总成绩，如图 5-34 所示。

	A	B	C	D	E	F	G	H	I	J
1	2015级计算机班学生成绩表									
2	学号	姓名	语文	数学	英语	体育	总分	平均分	最高分	统计不及格的科目
3	151001	李小燕	79	88	85	58	310			
4	151002	张兰	88	75	55	89	307			
5	151003	罗进明	89	92	88	95	364			
6	151004	黄强	96	95	97	98	386			
7	151005	李明艳	69	74	79	68	290			
8	151006	陈丽丽	60	68	75	53	256			
9	151007	黄国胜	50	69	58	88	265			
10	151008	赵海锋	89	85	90	87	351			
11										

图 5-34　求总分后的工作表

步骤 2：计算平均分，方法与求总分的方法相似。

（1）选中 H3 单元格，单击"开始"面板下的"自动求和"按钮"Σ"，再单击下拉菜单，选中"平均值"命令，如图 5-35 所示。

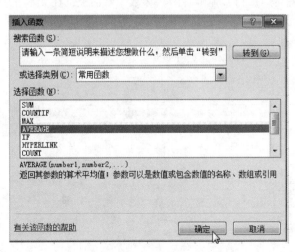

图 5-35　利用"自动求和"按钮求平均分

（2）选中 H3 单元格，单击插入函数按钮"ƒ𝑥"，弹出"插入函数"对话框（见图 5-36），选择"平均值"函数"AVERAGE"，单击"确定"按钮，弹出"函数参数"对话框，在文本框中输入或选择参数，需要求平均分的单元格区域为 C3:F3，效果如图 5-37 所示，然后单击"确定"按钮。

图 5-36　插入求平均值函数对话框

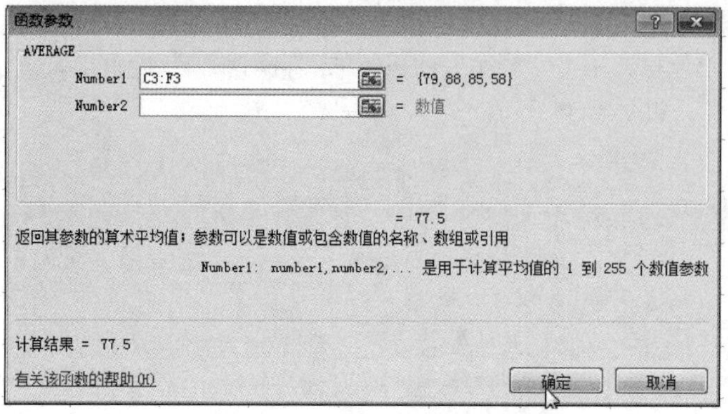

图 5-37　求平均值函数参数对话框

（3）再利用填充柄拖动鼠标至 H10 单元格，即可求出全部学生的平均分，如图 5-38 所示。

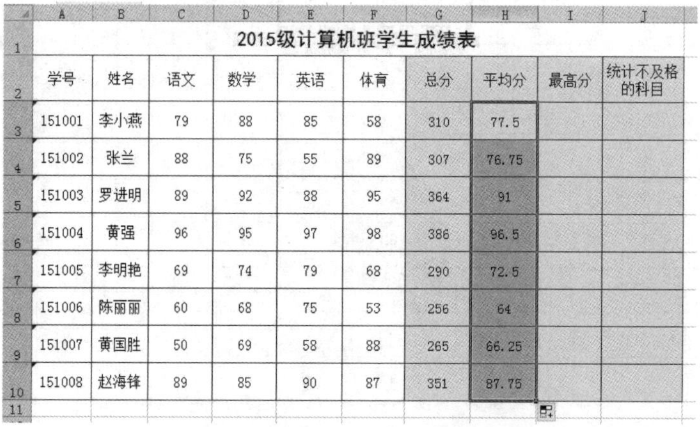

图 5-38　求平均分后的工作表

步骤 3：计算最高分，方法和以上求总分、平均分的方法相似，下面利用函数的方法求最高分。

选中 I3 单元格，单击插入函数按钮"f_x"，弹出"插入函数"对话框，选择"最大值"函数"MAX"，单击"确定"按钮，弹出"函数参数"对话框，在文本框中输入或选择参数，需要求最高分的单元格区域为 C3:F3，效果如图 5-39 所示，然后单击"确定"按钮。

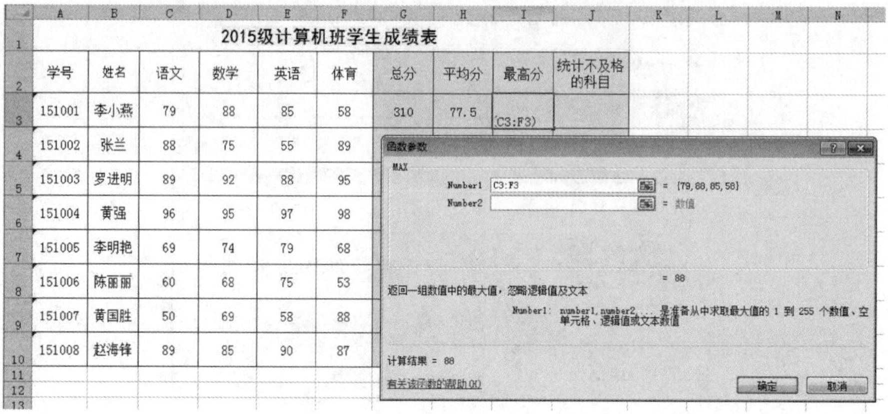

图 5-39　求最大值函数参数对话框

再利用填充柄拖动鼠标至 I10 单元格，即可求出全部学生的最高分，如图 5-40 所示。

学号	姓名	语文	数学	英语	体育	总分	平均分	最高分	统计不及格的科目
\multicolumn{10}{c}{2015级计算机班学生成绩表}
151001	李小燕	79	88	85	58	310	77.5	88	
151002	张兰	88	75	55	89	307	76.75	89	
151003	罗进明	89	92	88	95	364	91	95	
151004	黄强	96	95	97	98	386	96.5	98	
151005	李明艳	69	74	79	68	290	72.5	79	
151006	陈丽丽	60	68	75	53	256	64	75	
151007	黄国胜	50	69	88	88	265	66.25	88	
151008	赵海锋	89	85	90	87	351	87.75	90	

图 5-40　求最高分后的工作表

步骤 4：使用条件统计函数 COUNTIF 统计"不及格的科目"数。

选中 J3 单元格，单击插入函数按钮"f_x"，弹出"插入函数"对话框，选择"条件统计"函数"COUNTIF"，单击"确定"按钮，弹出"函数参数"对话框，在文本框中输入或选择参数，需要统计的单元格区域 Range 为 C3:F3，条件 Criteria 为"<60"，效果如图 5-41 所示，然后单击"确定"按钮。

图 5-41　条件统计函数参数对话框

再利用填充柄拖动鼠标至 J10 单元格，统计出全部学生不及格的科目数，可得最终效果如图 5-42 所示。

学号	姓名	语文	数学	英语	体育	总分	平均分	最高分	统计不及格的科目
\multicolumn{10}{c}{2015级计算机班学生成绩表}
151001	李小燕	79	88	85	58	310	77.5	88	1
151002	张兰	88	75	55	89	307	76.75	89	1
151003	罗进明	89	92	88	95	364	91	95	0
151004	黄强	96	95	97	98	386	96.5	98	0
151005	李明艳	69	74	79	68	290	72.5	79	0
151006	陈丽丽	60	68	75	53	256	64	75	1
151007	黄国胜	50	69	58	88	265	66.25	88	2
151008	赵海锋	89	85	90	87	351	87.75	90	0

图 5-42　最终效果图

实训四　常规排序

【实训目的】

（1）掌握排序的基本操作。

（2）掌握排序的参数设置。

（3）掌握自定义序列排序。

【实训要求】在计算机实训室进行实训。

【实训环境】Windows 7 操作系统 +Excel 2010。

【实训内容】排序的基本操作及参数设置。

【实训步骤】

步骤 1：将如图 5-43 所示的工资表中不同职称的员工按基本工资高低排序分析用户要求。本例中有两个条件要求，首先是职称，其次是基本工资，因此在设置排序关键字时，要考虑主关键字和次要关键字。

编号	姓名	性别	职称	基本工资	津贴	奖金	水费	电费	管理费	实发工资
001	张大林	男	工程师	2100	230	320	18.46	78.25	10	2543.29
002	张芳	女	助理工程师	1800	200	300	26.38	80.45	10	2183.17
003	罗一民	男	技术员	1400	180	240	16.29	25.33	10	1768.38
004	李莉	男	工程师	2000	220	310	16.86	75.65	10	2427.49
005	王守道	女	助理工程师	1700	190	290	16.52	65.34	10	2088.14
006	林丹洋	女	工程师	2000	220	300	18.25	69.3	10	2422.45
007	赵佳佳	男	助理工程师	1800	200	260	20.13	77.2	10	2152.67
008	黄华丽	女	技术员	1500	150	230	23.25	78.37	10	1768.38
009	覃小天	男	工程师	2100	220	300	29.55	74.12	10	2506.33
010	杨洋	男	技术员	1500	150	260	18.49	72.16	10	1809.35

图 5-43　员工工资表

步骤 2：将光标定位在数据表的任意单元格上，单击"排序和筛选"按钮，在下拉列表中选择"自定义排序"，在弹出的"排序"对话框中设置参数如图 5-44 所示。

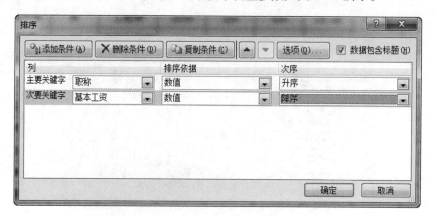

图 5-44　"排序"对话框

步骤 3：最后结果如图 5-45 所示。

编号	姓名	性别	职称	基本工资	津贴	奖金	水费	电费	管理费	实发工资
001	张大林	男	工程师	2100	230	320	18.46	78.25	10	2543.29
009	覃小天	男	工程师	2100	220	300	29.55	74.12	10	2506.33
004	李莉	男	工程师	2000	220	310	16.86	75.65	10	2427.49
006	林丹洋	女	工程师	2000	220	300	18.25	69.3	10	2422.45
008	黄华丽	女	技术员	1500	150	230	23.25	78.37	10	1768.38
010	杨洋	男	技术员	1500	150	260	18.49	72.16	10	1809.35
003	罗一民	男	技术员	1400	180	240	16.29	25.33	10	1768.38
002	张芳	女	助理工程师	1800	200	300	26.38	80.45	10	2183.17
007	赵佳佳	男	助理工程师	1800	260		20.13	77.2	10	2152.67
005	王守道	女	助理工程师	1700	190	290	16.52	65.34	10	2088.14

图 5-45　"排序"后的员工工资表

如果此时用户想按照图 5-46 的方式对工资表进行排序，又要如何操作？首先分析此名单，姓名列并没有按照字母的升降序排列，而是随机的，遇到这样的问题，就需要借助用户自己先定义的序列排序。

步骤 1：选择此字段的所有内容，单击菜单栏"文件"中的"选项"，如图 5-47 所示；在弹出的"Excel 选项"对话框中，选择"高级"设置，找到"编辑自定义列表"按钮，如图 5-48 所示。

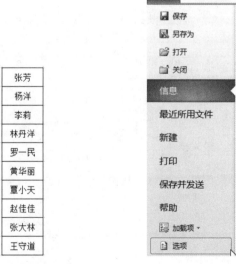

图 5-46　用于排序的名单　　　图 5-47　"文件"中的"选项"

步骤 2：单击"编辑自定义列表"按钮，弹出"自定义序列"对话框，"导入"新序列，如图 5-49 所示，单击"确定"按钮即可。关闭"Excel 选项"对话框。

步骤 3：打开"自定义排序"对话框，发现之前的排序条件仍然存在，可以使用"删除条件"清除排序条件，如图 5-50 所示。

图 5-48 "Excel 选项"对话框

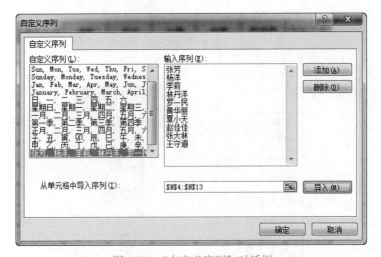

图 5-49 "自定义序列"对话框

图 5-50 "排序"对话框中的"删除条件"设置

步骤 4：重新设置排序条件，在"次序"中选择"自定义序列"选项，在弹出的"自定义序列"对话框中，选择之前设置好的新序列（姓名），单击"确定"按钮即可，如图 5-51 ～ 图 5-53 所示，最终效果如图 5-54 所示。

图 5-51　自定义序列

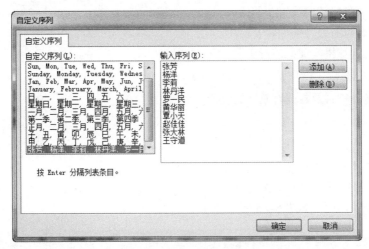

图 5-52　添加"自定义序列"

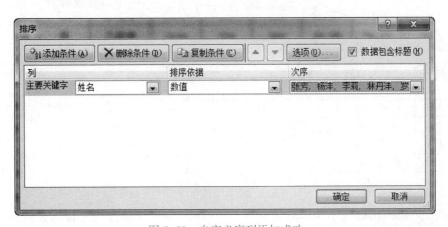

图 5-53　自定义序列添加成功

编号	姓名	性别	职称	基本工资	津贴	奖金	水费	电费	管理费	实发工资
002	张芳	女	助理工程师	1800	200	300	26.38	80.45	10	2183.17
010	杨洋	男	技术员	1500	150	260	18.49	72.16	10	1809.35
004	李莉	男	工程师	2000	220	310	16.86	75.65	10	2427.49
006	林丹洋	女	工程师	2000	220	300	18.25	69.3	10	2422.45
003	罗一民	男	技术员	1400	180	240	16.29	25.33	10	1768.38
008	黄华丽	女	技术员	1500	150	230	23.25	78.37	10	1768.38
009	覃小天	男	工程师	2100	220	300	29.55	74.12	10	2506.33
007	赵佳佳	男	助理工程师	1800	200	260	20.13	77.2	10	2152.67
001	张大林	男	工程师	2100	230	320	18.46	78.25	10	2543.29
005	王守道	女	助理工程师	1700	190	290	16.52	65.34	10	2088.14

图 5-54　自定义序列后的排序效果

实训五　条件格式数据有效性的综合运用

【实训目的】

（1）掌握条件格式的设置及使用。

（2）掌握数据有效性的设置及使用。

【实训要求】在计算机实训室进行实训。

【实训环境】Windows 7 操作系统 +Excel 2010。

【实训内容】条件格式及数据有效性的设置。

【实训步骤】

1. 条件格式设置及使用

将成绩表中不及格的成绩用红色加粗字体标注。

步骤 1：选择数据表中涉及成绩的字段值，单击"条件格式"按钮，选择"突出显示单元格规则"中的"小于"选项，如图 5-55 所示。

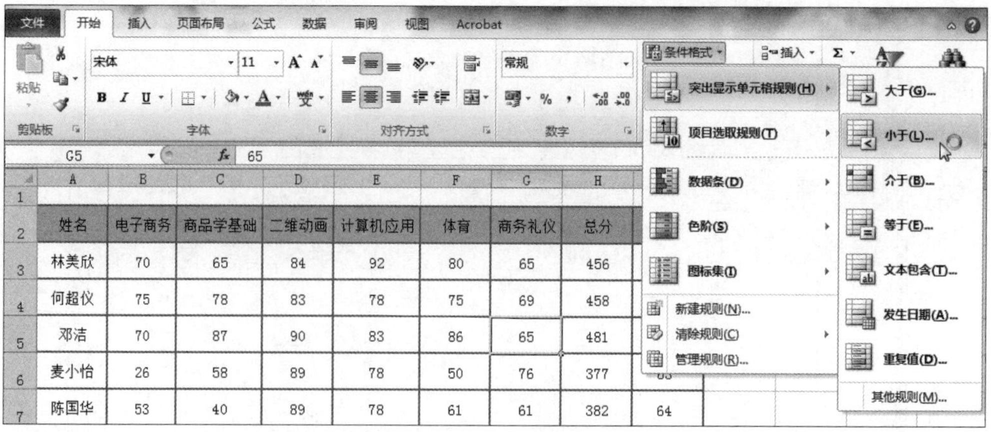

图 5-55　选择"突出显示单元格规则"中的"小于"选项

步骤 2：在弹出的"小于"对话框中，条件是"60"，设置为"自定义格式"选项，如图 5-56 所示。

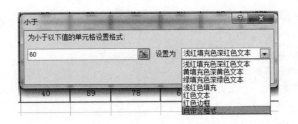

图 5-56　选择"自定义格式"

步骤 3：在弹出的"设置单元格格式"对话框中，设置如图 5-57 所示，单击"确定"按钮即可。

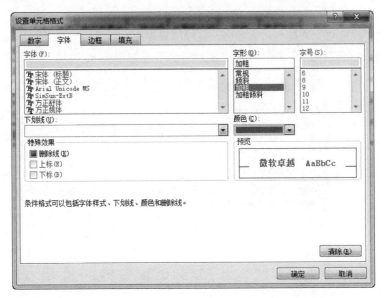

图 5-57　"设置单元格格式"对话框

步骤 4：在此基础上，用户增加要求，将成绩表中 80 分以上的成绩标注成绿色粗体。

选择"突出显示单元格规则"中的"管理规则"选项，如图 5-58 所示，在弹出的"条件格式规则管理器"对话框中，使用"新建规则"，也就是添加新规则，如图 5-59 所示。

图 5-58　"管理规则"选项

图 5-59　"条件格式规则管理器"对话框

步骤 5：在"新建格式规则"对话框中，选择"只为包含以下内容的单元格设置格式"，如图 5-60 所示；添加新规则如图 5-61 所示；添加后的效果如图 5-62 所示。

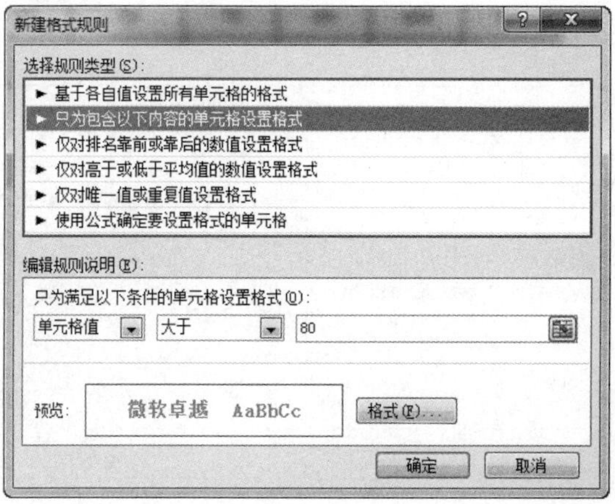

图 5-60　"新建格式规则"对话框

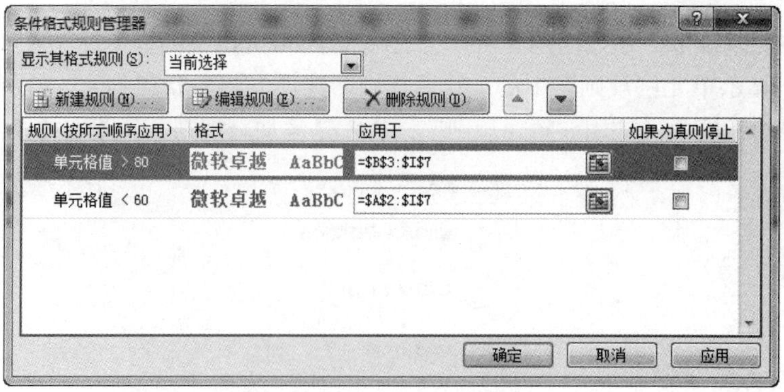

图 5-61　添加新的规则

姓名	电子商务	商品学基础	二维动画	计算机应用	体育	商务礼仪	总分	平均分
林美欣	70	65	84	92	80	65	456	76
何超仪	75	78	83	78	75	69	458	76
邓洁	70	87	90	83	86	65	481	80
麦小怡	26	58	89	78	50	76	377	63
陈国华	53	40	89	78	61	61	382	64

图 5-62　添加新规则后的效果图

2. 数据有效性的设置及使用

步骤 1：录入成绩时不能出现负分或是大于 100 的情况。选择"数据"选项卡，打开"数据有效性"对话框，设置参数如图 5-63 和图 5-64 所示。

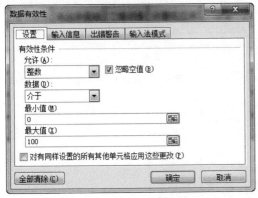

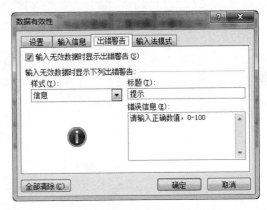

图 5-63　"数据有效性"对话框　　　　　　图 5-64　"出错警告"选项卡设置

步骤 2：检验数据有效性的正确性，在数据表中分别输入 -8、123、67 三种数据，会弹出如图 5-65 的"提示"对话框。

姓名	电子商务	商品学基础	二维动画	计算机应用	体育	商务礼仪
林美欣	-8					
何超仪						
邓洁						
麦小怡						
陈国华						

图 5-65　"提示"对话框

实训六　数据筛选的综合运用

【实训目的】

（1）掌握数据筛选的设置及使用。

（2）掌握高级筛选，学会区分"与""或"操作。

【实训要求】在计算机实训室进行实训。

【实训环境】Windows 7 操作系统 +Excel 2010。

【实训内容】数据筛选的基本操作及参数设置。

【实训步骤】

1. 筛选出"电子商务"科目成绩达到优秀（85 分以上，包括 85 分）的学生信息

步骤 1：将光标定位在数据表任意单元格上，选择"开始"→"排序和筛选"→"筛选"命令，或者选择"数据"→"筛选"命令，如图 5-66 所示。

姓名	电子商务	商品学基础	二维动画	计算机应用	体育	商务礼仪	总分	平均分
林美欣	70	65	84	92	80	65	456	76
何超仪	90	78	83	78	75	69	458	76
邓洁	70	87	90	83	86	65	481	80
麦小怡	89	58	89	78	50	76	377	63
陈国华	87	40	89	78	61	61	382	64

图 5-66　设置"筛选"的工作表

步骤 2：选择"数字筛选"→"介于"命令，如图 5-67 所示，在弹出的"自定义自动筛选方式"对话框中，设置如图 5-68 所示参数。

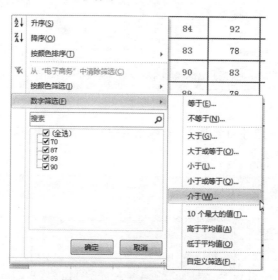

图 5-67　"介于"下拉列表项

图 5-68　"自定义自动筛选方式"对话框

最终效果如图 5-69 所示。

姓名	电子商务	商品学基础	二维动画	计算机应用	体育	商务礼仪	总分	平均分
何超仪	90	78	83	78	75	69	458	76
麦小怡	89	58	89	78	50	76	377	63
陈国华	87	40	89	78	61	61	382	64

图 5-69　自定义筛选的最终效果

2. 筛选出获得评选"三好学生"资格（各科目成绩均达到 80 分以上）的学生信息

首先设置"高级筛选"的条件，必须同时满足所有条件时用"与"操作，仅须满足条件之一时用"或"操作。此题要求各科成绩均达到 80 分以上，因此使用"与"操作。

步骤 1：选择"数据"→"高级"命令，在弹出的"高级筛选"对话框中，设置如图 5-70 所示。

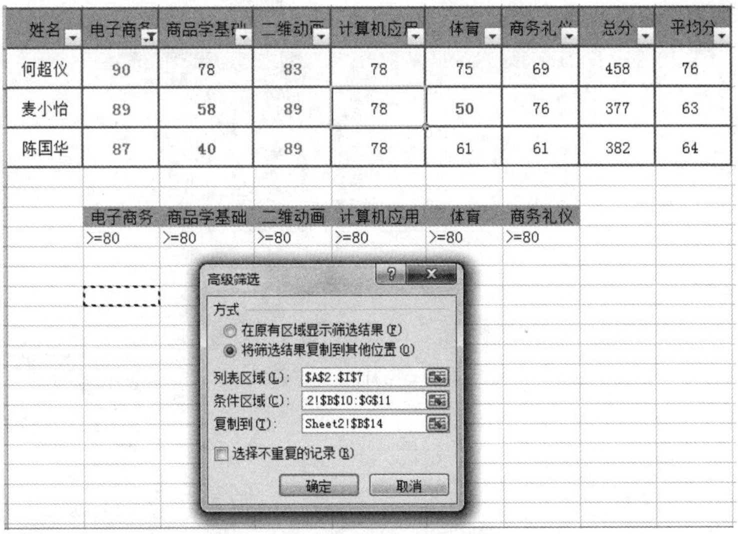

图 5-70　"高级筛选"对话框

步骤 2：筛选出不符合"三好学生"评选的学生信息，这是"或"条件设置格式，只要有一门功课不及格的条件设置如图 5-71 所示。

电子商务	商品学基础	二维动画	计算机应用	体育	商务礼仪
<60					
	<60				
		<60			
			<60		
				<60	
					<60

图 5-71　"或"条件设置格式

最终筛选结果如图 5-72 所示。

姓名	电子商务	商品学基础	二维动画	计算机应用	体育	商务礼仪	总分	平均分
麦小怡	89	58	89	78	50	76	440	73
陈国华	87	40	89	78	61	61	416	69

图 5-72　"高级筛选"最终效果

实训七　分类汇总的综合运用

【实训目的】

（1）掌握分类汇总的设置及使用。

（2）掌握多重分类汇总的使用。

（3）学会分析分类字段及汇总方式的选择。

【实训要求】在计算机实训室进行实训。

【实训环境】Windows 7 操作系统 +Excel 2010。

【实训内容】分类汇总的基本操作及参数设置。

【实训步骤】

1. 统计上学期期末各科目补考人数

图 5–73 所示为学生期末补考统计表。

	A	B	C	D	E	F
1	专业	班级	学号	姓名	科目	成绩
2	数控技术应用	民族数控班	120107	陈阳	PRO/E	0
3	数控技术应用	民族数控班	120109	何吉意	PRO/E	0
4	数控技术应用	民族数控班	120102	黄光浩	PRO/E	0
5	计算机应用	民族计算机1班	120701	黄定鹏	3dsMAX	23
6	计算机应用	民族计算机1班	120686	余全玲	3dsMAX	0
7	数控技术应用	民族数控班	120102	黄光浩	CAXA数控车	0
8	数控技术应用	民族数控班	120131	陆德炮	CAXA数控车	0
9	数控技术应用	民族数控班	120111	陆小弟	CAXA数控车	0

图 5–73　学生期末补考统计表

对数据表按科目进行排序，将光标定位在数据表的任意单元格上，选择"数据"→"分类汇总"命令，在弹出的"分类汇总"对话框中设置如图 5–74 所示。

因为是统计补考人数，所以在"汇总方式"上选择"计数"项；"选定汇总项"设置为"学号"而不是"姓名"，则是为了避免出现重名汇总错误；也可以设置为"成绩"，结果如图 5–75 所示。

图 5–74　"分类汇总"对话框

1 2 3		A	B	C	D	E	F
	1	专业	班级	学号	姓名	科目	成绩
	2	数控技术应用	民族数控班	120107	陈阳	PRO/E	0
	3	数控技术应用	民族数控班	120109	何吉意	PRO/E	0
	4	数控技术应用	民族数控班	120102	黄光浩	PRO/E	0
	5			3		**PRO/E 计数**	
	6	计算机应用	民族计算机1班	120701	黄定鹏	3dsMAX	23
	7	计算机应用	民族计算机1班	120686	余全玲	3dsMAX	0
	8			2		**3dsMAX 计数**	
	9	数控技术应用	民族数控班	120102	黄光浩	CAXA数控车	0
	10	数控技术应用	民族数控班	120131	陆德炮	CAXA数控车	0
	11	数控技术应用	民族数控班	120111	陆小弟	CAXA数控车	0
	12			3		**CAXA数控车 计数**	
	13	电子器件应用与维修	民族电子电器班	120225	潘立骏	PROTEL DXP2009简明教程与考证指南	0
	14	电子电器应用与维修	民族电子电器班	120226	潘立友	PROTEL DXP2009简明教程与考证指南	0
	15			2		**PROTEL DXP2009简明教程与考证指南 计数**	

图 5–75　分类汇总后的结果

2. 统计各专业各科目补考人数

步骤 1：对数据表按专业（主关键字）、科目（次要关键字）进行排序，如图 5-76 所示。参照上例的方法，在弹出的"分类汇总"对话框中设置如图 5-77 所示。

图 5-76　添加"排序"关键字　　　　　　　　图 5-77　"分类汇总"对话框

步骤 2：在第一次分类汇总的基础上（见图 5-78），再次使用分类汇总，设置如图 5-79 所示。

	专业	班级	学号	姓名	科目	成绩
1	专业	班级	学号	姓名	科目	成绩
2	电子电器应用与维修	民族电子电器班	120225	潘立骏	PROTEL DXP2009简明教程与考证指南	0
3	电子电器应用与维修	民族电子电器班	120226	潘立友	PROTEL DXP2009简明教程与考证指南	0
4	电子电器应用与维修	民族电子电器班	120252	陆润源	电工技术基础与技能	40
5	电子电器应用与维修	民族电子电器班	120201	黄勇仟	电视机原理与维修	0
6	电子电器应用与维修	民族电子电器班	120238	卢远精	电视机原理与维修	0
7	电子电器应用与维修	民族电子电器班	120226	潘立友	电视机原理与维修	0
8	电子电器应用与维修	民族电子电器班	120224	岑祚宝	电子技能实训	18
9	电子电器应用与维修	民族电子电器班	120221	查方龙	电子技能实训	18
10	电子电器应用与维修	民族电子电器班	120260	邓峰	电子技能实训	12
11	电子电器应用与维修	民族电子电器班	120202	黄浩	语文	0
12	电子电器应用与维修	民族电子电器班	120217	黄明帅	语文	0
13	电子电器应用与维修	民族电子电器班	120217	黄明帅	语文	31
14	电子电器应用与维修 计数					12
15	会计	巾帼会计2班	120856	岑诗敏	成本会计	0
16	会计	巾帼会计2班	120886	黄彩春	成本会计	58
17	会计	巾帼会计3班	120911	邓丽娟	数学	0
18	会计	巾帼会计3班	120916	刘柳恋	数学	0
19	会计	巾帼会计3班	120936	岑冬蕉	数学	0
20	会计	巾帼会计3班	120936	岑冬蕉	职业生涯规划	0
21	会计 计数					6
22	计算机应用	民族计算机1班	120701	黄定鹏	3dsMAX	23
23	计算机应用	民族计算机1班	120686	余全玲	3dsMAX	0
24	计算机应用	巾帼计算机班	120691	王玉青	职业生涯规划	0
25	计算机应用	民族计算机1班	120686	余全玲	职业生涯规划	0

图 5-78　第一次分类汇总

图 5-79　第二次"分类汇总"设置

多重分类汇总的结果如图 5-80 所示。

1234		A	B	C	D	E	F	G
	1	专业	班级	学号	姓名	科目	成绩	
	2	电子电器应用与维修	民族电子电器班	120225	潘立骏	PROTEL DXP2009简明教程与考证指南	0	
	3	电子电器应用与维修	民族电子电器班	120226	潘立友	PROTEL DXP2009简明教程与考证指南	0	
	4				2	**PROTEL DXP2009简明教程与考证指南 计数**		
	5	电子电器应用与维修	民族电子电器班	120252	陆润源	电工技术基础与技能	40	
	6				1	**电工技术基础与技能 计数**		
	7	电子电器应用与维修	民族电子电器班	120201	黄勇仟	电视机原理与维修	0	
	8	电子电器应用与维修	民族电子电器班	120238	卢远精	电视机原理与维修	0	
	9	电子电器应用与维修	民族电子电器班	120226	潘立友	电视机原理与维修	0	
	10				3	**电视机原理与维修 计数**		
	11	电子电器应用与维修	民族电子电器班	120224	岑祚宝	电子技能实训	18	
	12	电子电器应用与维修	民族电子电器班	120221	查方龙	电子技能实训	18	
	13	电子电器应用与维修	民族电子电器班	120260	邓峰	电子技能实训	12	
	14					**电子技能实训 计数**		
	15	电子电器应用与维修	民族电子电器班	120202	黄浩	语文	0	
	16	电子电器应用与维修	民族电子电器班	120217	黄明帅	语文	0	
	17	电子电器应用与维修	民族电子电器班	120217	黄明帅	语文	31	
	18				3	**语文 计数**		
	19	电子电器应用与维修 计数			12			
	20	会计	巾帼会计2班	120856	岑诗敏	成本会计	0	
	21	会计	巾帼会计2班	120886	黄彩春	成本会计	58	
	22				2	**成本会计 计数**		
	23	会计	巾帼会计3班	120911	邓丽娟	数学	0	
	24	会计	巾帼会计3班	120916	刘柳恋	数学	0	
	25	会计	巾帼会计3班	120936	岑冬蕙	数学	0	
	26				3	**数学 计数**		
	27	会计	巾帼会计3班	120936	岑冬蕙	职业生涯规划	0	

图 5-80　多重分类汇总的结果

实训八　图表的制作及打印

【实训目的】

（1）掌握图表的制作。

（2）掌握图表的基本编辑。

（3）掌握图表的打印操作。

【实训要求】在计算机实训室进行实训。

【实训环境】Windows 7 操作系统 +Excel 2010。

【实训内容】图表的基本操作及参数设置。

【实训步骤】

将以下数据表（见图 5-81）的数据制作成如图 5-82 和图 5-83 所示的两种图表效果。

产品	上月销量	本月销量
统一绿茶	149	212
统一冰红茶	159	164
统一阿萨姆奶茶	154	189
茉莉花茶	222	311
茉莉绿茶	228	186
冰糖雪梨	236	271
矿物质水	147	212
纯净水	120	128

图 5-81　产品销售统计表

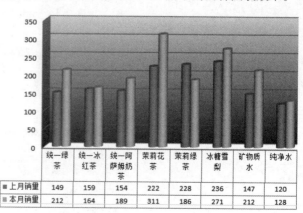

图 5-82　数据图表效果 1

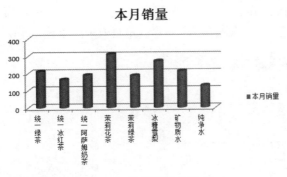

图 5-83　数据图表效果 2

步骤 1：选择整个数据表，选择"插入"→"柱形图"→"簇状柱形图"命令，如图 5-84 所示，再选择"图表工具"→"设计"→"图表布局"→"布局 5"命令，设置得到如图 5-85 所示的效果。

图 5-84　图表效果 1 的参数设置

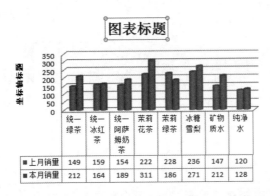

图 5-85　初步的效果图

步骤 2：将"图表标题"和"坐标轴标题"删除；单击任意系列（柱体），选择"设计"→"图表样式"→"样式 5"命令，将柱体修改为绿色主题，如图 5-86 所示。

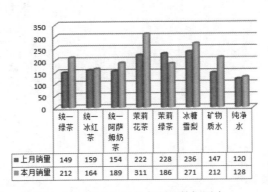

图 5-86　修改为绿色主题的数据图表

步骤 3：双击背景墙，弹出"设置背景墙格式"对话框，如图 5-87 所示；选择"填充"→"渐变填充"→"预设颜色"→"茵茵草原"命令，最终效果如图 5-88 所示。

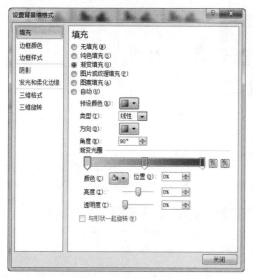

图 5-87　"设置背景墙格式"对话框

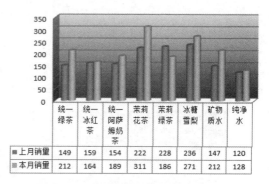

	统一绿茶	统一冰红茶	统一阿萨姆奶茶	茉莉花茶	茉莉绿茶	冰糖雪梨	矿物质水	纯净水
■上月销量	149	159	154	222	228	236	147	120
■本月销量	212	164	189	311	186	271	212	128

图 5-88　设置好背景墙的数据图表

步骤 4：图的制作方法，仅选择产品和本月销量两列数据，参照图的作法，作出如图 5-89 所示图表。

步骤 5：单击任意系列（柱体），选择"设计"→"图表样式"→"样式 4"命令，将柱体修改为红色主题；双击水平轴，在弹出的"设置坐标轴格式"对话框中选择"对齐方式"→"文字方向"→"竖排"命令，如图 5-90 所示。设置后的效果如图 5-91 所示。

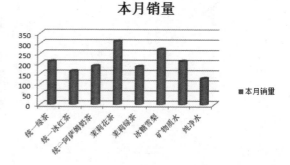

图 5-89　选择产品和本月销量的数据图表

图 5-90　"设置坐标轴格式"对话框

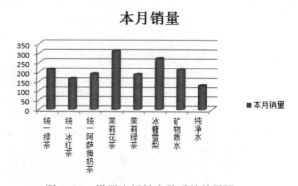

图 5-91　设置坐标轴参数后的效果图

步骤 6：双击 Y 轴坐标轴区，弹出"设置坐标轴格式"对话框，在"坐标轴选项"中，将"最大值""最小值""主要刻度单位"均设置为"固定",如图 5-92 所示。

步骤 7:最终效果如图 5-93 所示。

图 5-92 修改坐标轴最大、最小值

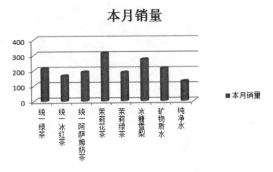

图 5-93 最终效果图

步骤 8:打印报表 / 图表。选择"文件"→"打印"命令,设置打印参数,打印份数、页码范围、单面打印 / 双面打印、打印方向、纸张选择、调整边框等,如图 5-94 所示。

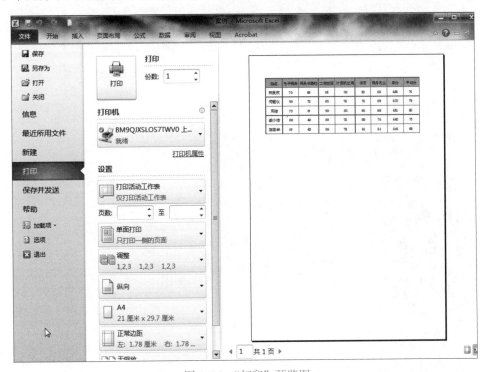

图 5-94 "打印"预览图

在此可借助右下角的"显示边距" ▦ 手动调整,将光标定位于边距线上,再调整边距位置,调整后的打印预览如图 5-95 所示。

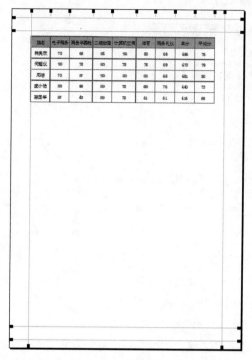

图 5-95　利用"显示边距"调整打印效果

第6章
演示文稿软件应用

实训一　制作简单幻灯片

【实训目的】

    （1）掌握幻灯片文字格式的设置。

    （2）幻灯片背景设置。

    （3）使用模板新建演示文稿。

    （4）编辑演示文稿内容。

【实训要求】在计算机实训室进行实训。

【实训环境】使用 PowerPoint 2010。

【实训内容】使用样本模板新建演示文稿，编辑演示文稿内容，设计模板和配色方案的修改。

【实训步骤】

    1.　使用样本模板新建演示文稿

    1）新建演示文稿

单击"文件"，在弹出的菜单中选择"新建"，在"可用的模板和主题"栏中选择"样本模板"，在所提供的模板中选择"项目状态报告"，单击"创建"按钮即可，如图 6-1 和图 6-2 所示。

    2）编辑演示文稿内容

修改第一张幻灯片的标题为"广西右江商校状态报告"，并写上演示者的姓名和当前的日期，如图 6-3 所示。

    3）保存

完成以上操作后，单击"文件"菜单中的"保存"，设置文件名为"项目状态报告"。

图 6-1　选择"样本模板"

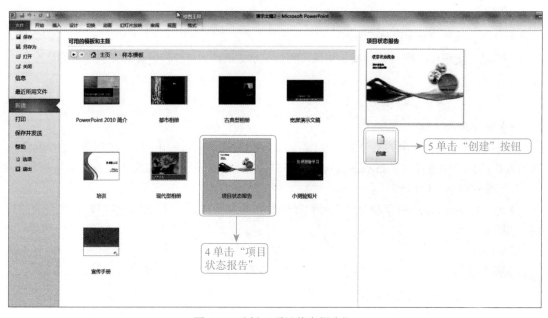

图 6-2　选择"项目状态报告"

图 6-3　编辑演示文稿内容

2. 幻灯片文字格式和背景颜色设置

1）文字格式设置

新建空白演示文稿，在幻灯片输入相关文字，通过设置，完成以下四张公司会议幻灯片的制作。

第一张幻灯片的设置：第一个标题的文字格式为宋体，54 号字；第二个标题的文字格式为宋体、32 号字、阴影、加粗，如图 6-4 所示。

百色公司2016年第4季度会议

——关于公司2018年改革的讨论

图 6-4　第一张幻灯片

其余三张幻灯片的第一个标题的文字格式为宋体、44 号字、加粗、阴影；其余文字字体格式为宋体、32 号字、阴影，如图 6-5 ~ 图 6-7 所示。

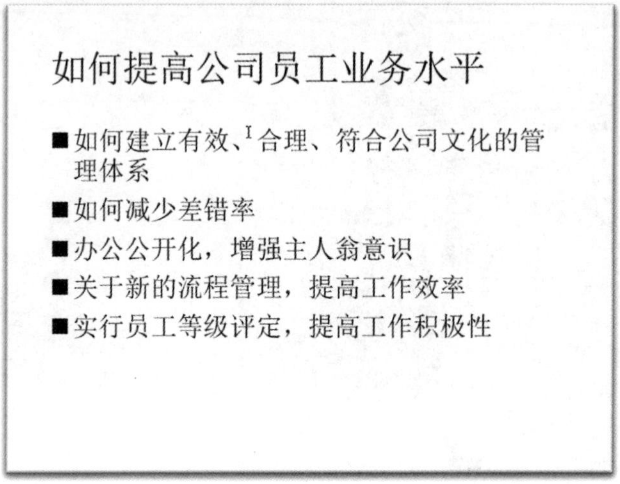

如何提高公司员工业务水平

- 如何建立有效、[I]合理、符合公司文化的管理体系
- 如何减少差错率
- 办公公开化，增强主人翁意识
- 关于新的流程管理，提高工作效率
- 实行员工等级评定，提高工作积极性

图 6-5　第二张幻灯片

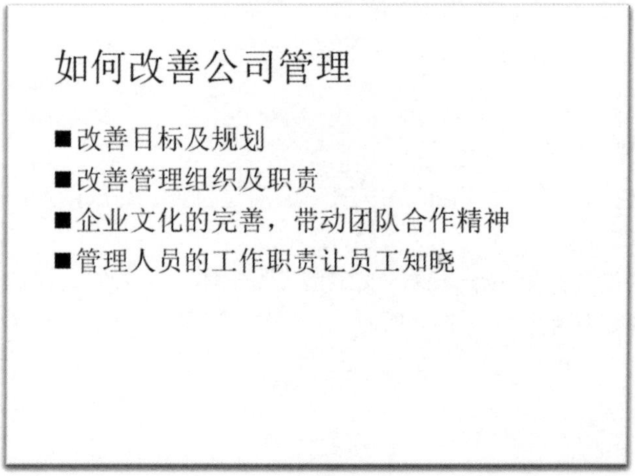

如何改善公司管理

- 改善目标及规划
- 改善管理组织及职责
- 企业文化的完善，带动团队合作精神
- 管理人员的工作职责让员工知晓

图 6-6　第三张幻灯片

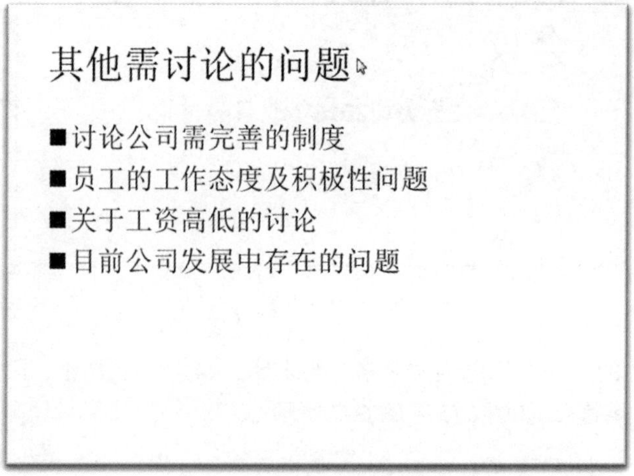

其他需讨论的问题

- 讨论公司需完善的制度
- 员工的工作态度及积极性问题
- 关于工资高低的讨论
- 目前公司发展中存在的问题

图 6-7　第四张幻灯片

2）幻灯片背景颜色设置

在幻灯片空白处右击，在弹出的菜单中选择"设置背景格式"，"设置背景格式"对话框中的填充选项。选择"纯色"，并将填充颜色设置为橄榄色，单击"全部应用"，让四张幻灯片使用该背景颜色。具体流程如图 6-8 所示。

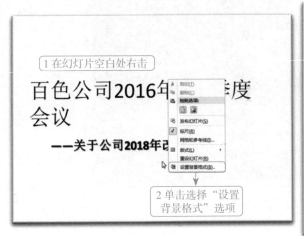
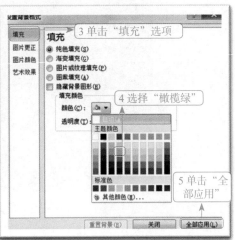

图 6-8　设置幻灯片背景颜色

实训二　幻灯片母版的设置

【实训目的】幻灯片母版的设置。

【实训要求】在计算机实训室进行实训。

【实训环境】使用 PowerPoint 2010。

【实训内容】设置幻灯片母版达到演示文稿的格式统一。

【实训步骤】

1. 修改幻灯片母版

单击"视图"选项卡，在"母版视图"选项组选择"幻灯片母版"，进入"幻灯片母版"的编辑区。

2. 对标题幻灯片的母版进行设置

步骤 1：背景设置。在"设置背景格式"对话框的填充中选择"纯色填充"先单选按钮，颜色选择"蓝色"，单击"关闭"即可。

步骤 2：母版标题格式设置为黑体、36 号；母版副标题设置为楷体 _GB2312、24 号。

该母版设置最终效果如图 6-9 所示。

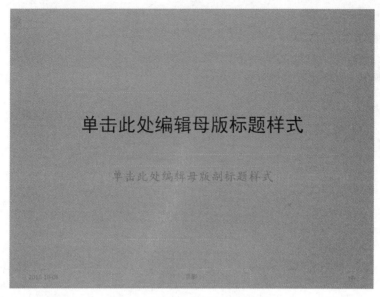

图 6-9　修改标题母版后的效果

3. 对标题和内容母版进行设置

步骤 1：背景设置。在"设置背景格式"对话框的填充中选择"渐变填充"单选按钮，在"预设颜色"中选择"薄雾浓云"，单击"关闭"即可。

步骤 2：母版标题格式设置为黑体、36 号；母版副标题样式格式设置为楷体、24 号。

步骤 3：项目符号样式，使用空心正方形□。单击"开始"选项卡，在"段落"选项组中选择"项目符号和编号"下拉按钮，在弹出的对话框中选择所需的项目符号，如图 6-10 所示。

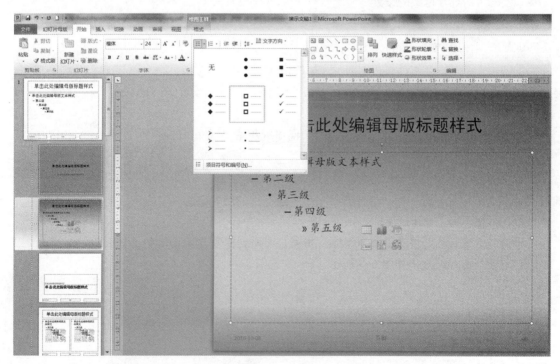

图 6-10　设置母版中的项目符号样式

步骤 4：页眉页脚。单击"插入"选项卡，在"文本"功能区选择"日期和时间"，调出"页眉页脚"对话框，单击"应用"按钮，设置如图 6-11 所示。

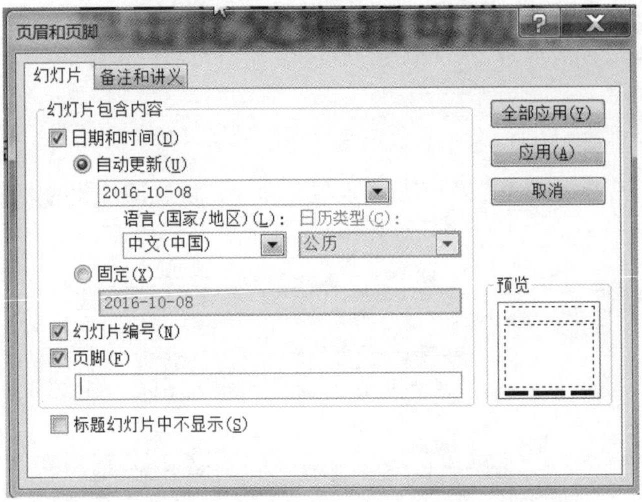

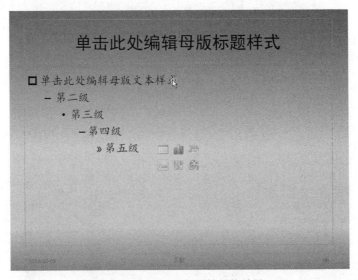

图 6-11　"页眉和页脚"对话框

最终效果如图 6-12 所示。

图 6-12　设置母版后的最终效果

4. 保存

完成以上操作后，单击"文件"菜单中的"保存"按钮，文件名设置为"母版格式设置"。

实训三　掌握 PowerPoint 2010 演示文稿的母版设计

【实训目的】

（1）掌握设置幻灯片页面大小。

（2）学会设置幻灯片的配色方案。

（3）掌握幻灯片母版的原理及设计。

【实训要求】在计算机实训室进行实训。

【实训环境】Windows 7 操作系统 + PowerPoint 2010

【实训内容】设置幻灯片的页面大小和配色方案，幻灯片母版的设计。

【实训步骤】

1设置幻灯片的页面大小

选择"设计"→"页面设置"→"页面设置"命令，设置幻灯片的大小、宽度、高度等，如图 6–13 所示。

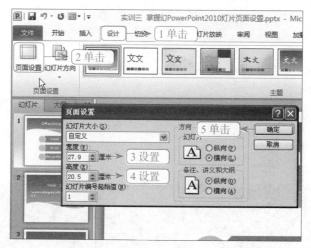

图 6–13　设置幻灯片的"页面大小"

2. 设置幻灯片的配色方案

步骤 1：选择"设计"→"主题"→"其他"命令，在"内置"中选择"页面主题"为"跋步"，如图 6–14 所示。

图 6–14　选择"页面主题"

步骤 2：单击"主题颜色"下拉按钮，设置配色方案为"沉稳"类型，如图 6–15 所示。

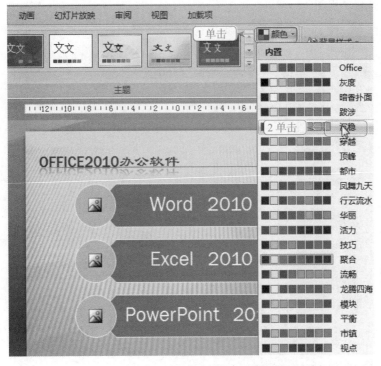

图 6–15　选择"配色方案"类型

步骤 3：单击"主题字体"下拉按钮，设置字体为"方正姚体"，如图 6–16 所示。

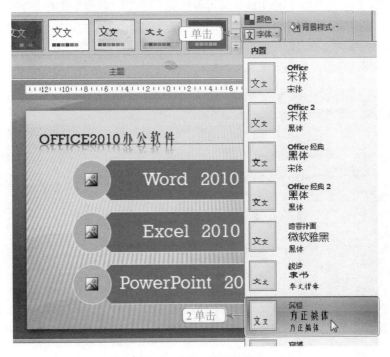

图 6–16　选择"主题字体"

3. 幻灯片母版设计

步骤 1：选择"视图"→"母版视图"→"幻灯片母版"命令，进入幻灯片母版编辑状态，如图 6-17 所示，该图左侧空格显示有一张主母版和十一张幻灯片版式母版。

图 6-17　幻灯片母版视图

步骤 2：编辑幻灯片母版，"单击此处编辑母版标题样式""单击此处编辑母版文本样式""日期区""页脚区""数字区"均为自选图形，因此可分别针对这些"自选图形"，设置其图形格式。

步骤 3：颜色编辑"单击此处编辑母版标题样式"，设置效果如图 6-18 所示。

步骤 4：编辑"单击此处编辑母版文本样式""日期区""页脚区""数字区"等。

图 6-18　编辑母版标题样式

第 6 章
演示文稿软件应用

实训一 制作简单幻灯片

【实训目的】

　　（1）掌握幻灯片文字格式的设置。

　　（2）幻灯片背景设置。

　　（3）使用模板新建演示文稿。

　　（4）编辑演示文稿内容。

【实训要求】在计算机实训室进行实训。

【实训环境】使用 PowerPoint 2010。

【实训内容】使用样本模板新建演示文稿，编辑演示文稿内容，设计模板和配色方案的修改。

【实训步骤】

　　1.　使用样本模板新建演示文稿

　　1）新建演示文稿

　　单击"文件"，在弹出的菜单中选择"新建"，在"可用的模板和主题"栏中选择"样本模板"，在所提供的模板中选择"项目状态报告"，单击"创建"按钮即可，如图 6-1 和图 6-2 所示。

　　2）编辑演示文稿内容

　　修改第一张幻灯片的标题为"广西右江商校状态报告"，并写上演示者的姓名和当前的日期，如图 6-3 所示。

　　3）保存

　　完成以上操作后，单击"文件"菜单中的"保存"，设置文件名为"项目状态报告"。

图 6-1 选择"样本模板"

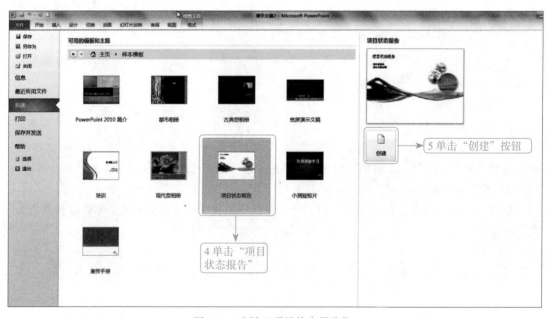

图 6-2 选择"项目状态报告"

最终效果如图 6-19 所示。

步骤 5：在"幻灯片母版视图"选项中单击"关闭母版视图"按钮，完成整个幻灯片母版设置。

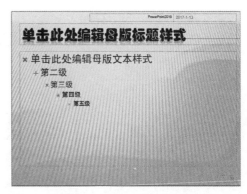

图 6-19 幻灯片母版编辑效果

实训四 掌握 PowerPoint 2010 幻灯片放映设置

【实训目的】

（1）学会设置幻灯片的自定义动画效果。

（2）掌握幻灯片放映设置。

【实训要求】在计算机实训室进行实训。

【实训环境】Windows 7 操作系统 + PowerPoint 2010

【实训内容】设置幻灯片的自定义动画效果，掌握幻灯片放映设置。

【实训步骤】

1. 添加动画效果

打开"中国传统节"演示文稿，对文字、图片、艺术字等设置动画效果。选择"动画"→"动画"→"添加动画"命令，在弹出的下拉菜单中选择合适的动画效果，如图 6-20 所示。

图 6-20 添加动画效果

步骤 1：选中"幻灯片 1"中的图片，在"添加动画"下拉列表中选择"进入"，动画为"随机线条"效果，在"计时"组中设置"持续时间"为"01.00"，如图 6-21 所示。

图 6-21　选择"随机线条"动画效果

步骤 2：选中"幻灯片 1"中的图片"中国传统节"艺术字，设置"进入"动画为"旋转"效果。

步骤 3：选中"幻灯片 2"中的花边，设置"强调"动画为"放大 / 缩小"效果。

步骤 4：选中"幻灯片 2"中的两个文本，设置"进入"动画为"飞入"效果。

2. 设置幻灯片的切换效果

单击"切换"选项"切换到此幻灯片"组中的下拉按钮，选择相应的切换效果。

步骤 1：选中"幻灯片 1"，设置"切换"效果为"蜂巢"，如图 6-22 所示。

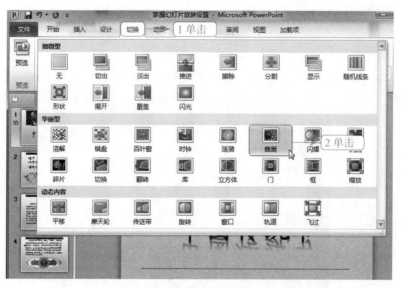

图 6-22　选择"蜂巢"切换效果

步骤 2：选中"幻灯片 2"，设置"切换"效果为"擦除"。

步骤 3：选中"幻灯片 3"，设置"切换"效果为"立方体"。

步骤 4：选中"幻灯片 4"，设置"切换"效果为"飞过"。

3. 使用"超链接"和"动作"设置交互式演示文稿

步骤 1：选中"幻灯片 2"中的"春节"文本，选择"插入"→"链接"→"超链接"命令，弹出"插入超链接"对话框，切换到选项卡"本文档中的位置"，在"请选择文本中的位置"栏中选择"幻灯片 3"，单击"确定"按钮，如图 6-23 所示。

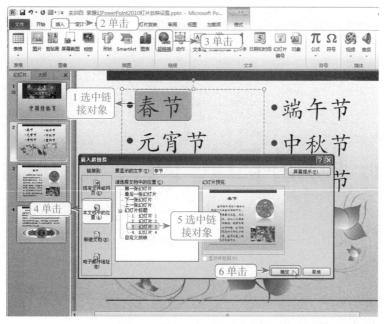

图 6-23　使用"超链接"幻灯片

步骤 2：选中"幻灯片 2"中的"元宵节"文本，选择"插入"→"链接"→"动作"命令，弹出"动作设置"对话框，选择"超链接到"单选按钮，其下方的下拉列表框被激活，选择"幻灯片"，接着弹出"超链接到幻灯片"对话框，在"幻灯片标题"下选择"幻灯片 4"，如图 6-24 所示。

图 6-24　使用"动作设置"幻灯片

设置完成后保存演示文稿。

第7章
畅游因特网（Internet）

实训一　IE 浏览器的使用与设置

【实训目的】

（1）掌握 IE 浏览器的使用方法。

（2）熟悉 IE 浏览器的常用设置。

（3）掌握网页文件、资料的保存方法。

【实训要求】在连接 Internet 的计算机实训室进行实训。

【实训环境】安装 Windows 7 操作系统的计算机。

【实训内容】IE 浏览器的使用与设置。

【实训步骤】

1. 浏览网页

双击桌面的"Internet Explorer"图标，在"地址栏"里输入将要浏览的网页地址，再单击地址栏右边的"转至"向右箭头，便可打开目标网页，如图 7-1 所示。

图 7-1　浏览网页的方法

2. IE 常用设置

进行 IE 设置前，首先需要打开 IE 浏览器的窗口，再找到进行设置的"Internet 选项"（见图 7-2）之后，在图 7-3 所示的界面中进行各项设置。

图 7-2　打开 Internet 选项

1）设置主页

主页是指打开 IE 浏览器时首先链接到的站点。如计算机用户对某个网站特别喜爱或者经常访问某个网站，则可以将该网站设置为 IE 浏览器的主页，当用户每次打开 IE 浏览器时，便会显示所设置的主页网站，方法如图 7-3 所示。

2）删除 IE 产生的临时文件

计算机在运行过程中，会产生很多临时文件，特别是浏览网页时，会因产生大量的 IE 缓存文件和垃圾信息而占用磁盘空间，因此我们需要定期清理这些临时文件，以有效利用磁盘空间和保证计算机运行的速度。按上一知识点所学的步骤打开 Internet 选项对话框，再打开浏览历史记录中的"删除"项，如图 7-4 进行相关设置。

图 7-3　Internet 选项

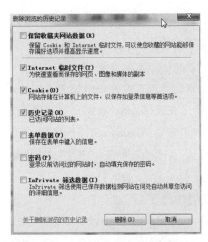

图 7-4　删除浏览的历史记录

3）设置浏览器的安全级别

在日常使用 Windows 7 操作系统过程中，常常会使用 IE 浏览器浏览一些网页，但是会发现有些网页无法打开，出现这种情况有可能是 IE 浏览器的安全级别设置太高。如果要解决这个问题，就需要对 IE 浏览器的安全级别进行设置。

步骤 1：打开 Internet 选项对话框，切换到"安全"选项卡，安装级别设置需要包括"Internet"和"本地 Internet"，其中"Internet"主要针对浏览网络时的网址，"本地 Internet"考虑到本地受信任的网址。选择你想要选择的，然后单击下边的"自定义级别"按钮，如图 7-5 所示。

步骤 2：在弹出的对话框中（见图 7-6），单击"重置自定义设置"后的"重置为"下拉按钮，选择安全级别，选择之后，这里记住一定要单击"重置"按钮，然后再单击"确定"按钮保存退出才会生效。

图 7-5 自定义安全级别

图 7-6 "安全设置 –Internet 区域"对话框

实训二 百度搜索引擎使用技巧

【实训目的】

（1）了解百度搜索引擎的使用范围。

（2）学习使用百度搜索引擎的一般方法。

（3）掌握使用百度搜索引擎的常用技巧。

【实训要求】在连接 Internet 的计算机实训室进行实训。

【实训环境】安装 Windows 7 操作系统的计算机。

【实训内容】百度的各种使用方法与应用练习。

【实训步骤】

1. 关键字检索

在百度主页的检索栏内输入关键字串，单击"百度一下"按钮，百度搜索引擎会搜索中文分类条目、资料库中的网站信息以及新闻资料库，搜索完毕后将检索的结果显示出来，单击某一链接查看详细内容。

例如，输入"桂林山水"，检索结果有与桂林山水相关的图片、与桂林山水相关的知识、《桂林山水》课文等。

2. 中英文字典

为了查找和翻译中英文的词义，作为一种使用频率较高的工具，百度也提供了中英文字典。用户可以按照下列方法查找词义或查找英文的中文词义。

例如，输入"翻译 computer"或"翻译计算机"，即可看到相应的翻译结果。

3. 拼音提示

如果只知道某个词的发音，却不知道怎么写，或者觉得某个词拼写输入太麻烦，该怎么办呢？百度拼音提示能解决此类问题。输入查询词的汉语拼音，百度可把最符合要求的对应汉字提示出来。拼音提示显示在搜索结果上方。

例如，输入"diemao"，提示如下：以下为您显示"蝶锚"的搜索结果。除此之外还能提示一些与之相关的信息及视频链接。

4. 错别字提示

由于汉字输入法的局限性，用户在搜索时经常会输入一些错别字，导致搜索结果不佳。百度会给出错别字纠正提示。错别字提示显示在搜索结果上方。

如，输入"唐醋排骨"，提示如下："您要找的是不是：糖醋排骨"。除此之外还能提示一些与之相关的信息及视频链接。

5. 货币换算

要使用百度的内置货币换算器，只需在百度网页搜索框中键入需要完成的货币转换，按【Enter】键或单击"百度一下"按钮即可。

例如，输入"100 美元等于多少人民币"或"1USD=?RMB"。

6. 人民币换算成外币

一般地，百度会给出货币换算免责声明。汇率的变化会对交易产生影响，因此在进行任何交易之前，需要确认汇率是否准确。外币汇率由金融界提供。

7. 天气查询

使用百度可以随时查询天气预报。在百度搜索框中输入要查询的城市名称加上"天气"这个词，就能获得该城市当天的天气情况。例如，搜索"广西天气"，就可以在搜索结果上方看到广西当天的天气情况。

百度支持全国 400 多个城市和近百个国外著名城市的天气查询，为即将出行的人们提供了极大的便利。

8. 股票、列车时刻表和飞机航班查询

在百度搜索框中输入股票代码、列车车次或者飞机航班号，就能直接获得相关信息。例如，输入深发展的股票代码"000001"，搜索结果上方显示深发展的股票实时行情。也可以在百度常用搜索中，进行上述查询。

很多有价值的资料，在互联网上并非是普通的网页，而是以 Word、PowerPoint、PDF 等格式存在。百度支持对 Office 文档（包括 Word、Excel、PowerPoint）、Adobe PDF 文档、RTF 文档进行全文搜索。要搜索这类文档，可在普通的查询词后面加一个"filetype："文档类型限定。"filetype:"后可以跟以下文件格式：DOC、XLS、PPT、PDF、RTF、ALL。其中，

ALL 表示搜索所有这些文件类型。例如，查找马云关于其经营方面的理念，可输入"马云 理念 filetype:doc"，单击结果标题，直接下载该文档，也可以单击标题后的"HTML 版"快速查看该文档的网页格式内容。

用户也可以通过百度文档搜索界面（http://file.baidu.com/），直接使用专业文档搜索功能。

实训三　腾讯 QQ 的使用

【实训目的】

（1）学习腾讯 QQ 的使用方法及范围。

（2）掌握腾讯 QQ 在办公方面的应用。

（3）通过使用腾讯 QQ 能举一反三地使用其他同类软件。

【实训要求】在连接 Internet 的计算机实训室进行实训。

【实训环境】安装 Windows 7 操作系统的计算机。

【实训内容】腾讯 QQ 在办公方面的应用。

【实训步骤】

步骤 1：腾讯 QQ 的下载，操作如图 7-7 所示。

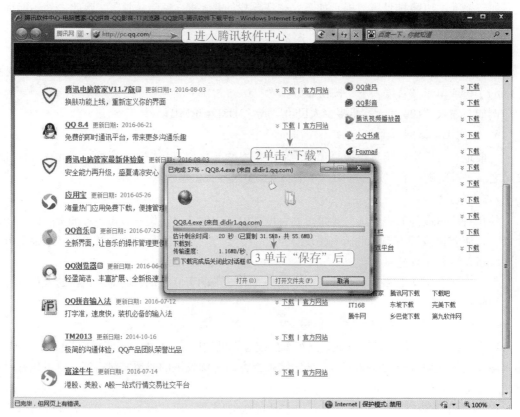

图 7-7　QQ 的下载界面

步骤 2：下载完成后安装，运行 QQ 主程序（见图 7-8），进行注册，如图 7-9 所示。

图 7-8　QQ 登录界面

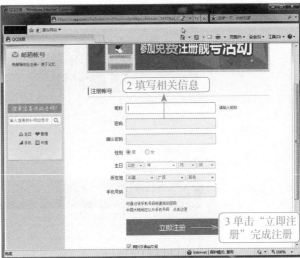

图 7-9　QQ 注册界面

步骤 3：查找并添加联系人，如图 7-10 所示。

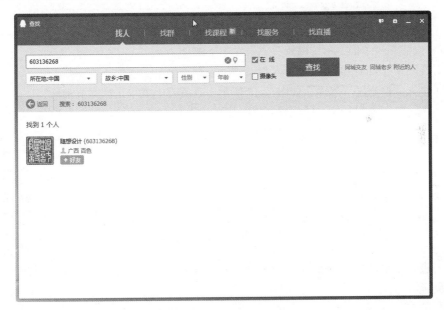

图 7-10　查找并添加联系人

步骤 4：向添加的联系人发起会话。

步骤 5：选择一个不在线上的联系人，给其发送离线文件。

步骤 6：利用 QQ 邮箱给所选联系人发送电子邮件。

（1）打开 QQ 邮箱，如图 7-11 所示。

（2）选择"写信"，如图 7-12 所示。

（3）如图 7-13 所示，于"收件人"处填写对方的邮箱地址（必填项），其他内容根据实际需要填写或添加。

图 7-11　进入 QQ 邮箱

图 7-12　QQ 邮箱内部

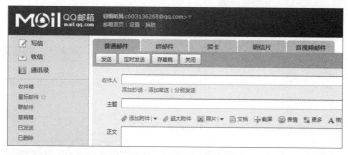

图 7-13　信息填写

步骤 7：建立一个群，给群内所有成员发电子邮件。

（1）在图 7-13 的左侧栏内选择"群邮件"。

（2）进入"群邮件"界面，如图 7-14 所示，在其右上方单击"写群邮件"。

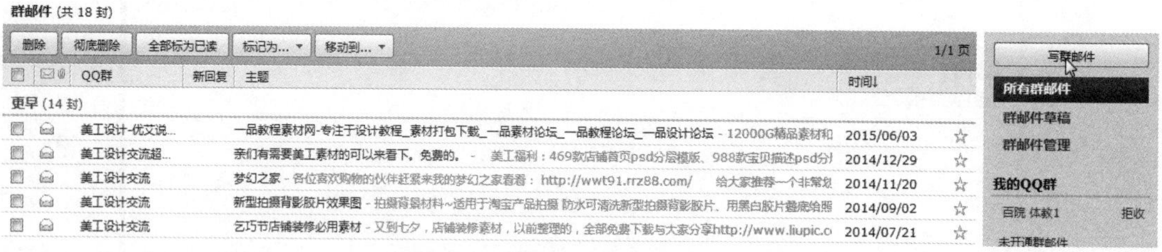

图 7-14　群邮件

（3）进入发邮件界面，如图 7-15 所示，这里选择收件群即可，其他部分的填写与发私人邮件方法一致。

图 7-15　发群邮件界面

步骤 8：QQ 网络硬盘的上传和下载。

步骤 9：建立一个临时讨论组，并进行讨论。

第8章
计算机安全基础知识

实训一　360 杀毒软件的安装及使用

【实训目的】

（1）能够为计算机安装杀毒软件。

（2）掌握 360 杀毒软件的使用方法。

【实训要求】在计算机实训室进行实训。

【实训环境】微型计算机；Windows 7 操作系统。

【实训内容】360 杀毒软件的安装及使用，利用 360 杀毒软件查杀病毒，360 杀毒软件的升级方法。

【实训步骤】

1. 安装 360 杀毒软件

首先要确保已经拥有 360 杀毒软件的安装程序，安装过程如下：

步骤 1：打开安装程序。双击 360 杀毒软件安装文件 。

步骤 2：弹出 "360 杀毒正式版 安装" 对话框（见图 8-1），单击 "安装路径" 文本框后的按钮，弹出 "浏览文件夹" 对话框（见图 8-2），选择安装路径，单击 "确定" 按钮返回上一层对话框，单击 "下一步" 按钮。

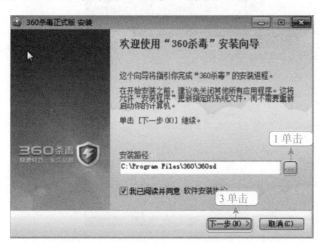

图 8-1　"360 杀毒正式版 安装" 对话框

图 8-2　"浏览文件夹" 对话框

步骤 3：等待安装（见图 8-3），对话框中进度条满格时安装成功。

图 8-3 "360 杀毒正式版 安装"进度界面

2. 360 杀毒软件的使用

360 杀毒具有实时病毒防护和手动扫描功能，为用户的系统提供全面的安全防护。

1）病毒查杀

实时防护功能在文件被访问时对文件进行扫描，及时拦截活动的病毒，在发现病毒时会通过提示窗口警告用户。

360 杀毒提供了四种手动病毒扫描方式：快速扫描、全盘扫描、自定义扫描及右键扫描。

快速扫描：扫描 Windows 系统目录及 Program Files 目录。

全盘扫描：扫描所有磁盘。

自定义扫描：扫描用户指定的目录。

前三种扫描方式都已经在 360 杀毒主界面中作为快捷任务列出，只需单击相关任务即可以开始扫描，如图 8-4 所示。

图 8-4 360 杀毒主界面

右键扫描：集成到右键快捷菜单中，当用户在文件或文件夹上右击时，在弹出的快捷菜单中可以选择"使用 360 杀毒扫描"命令，如图 8-5 所示，即可对选中的文件或文件夹进行扫描。

图 8-5　选择"使用 360 杀毒扫描"命令

启动扫描之后，会显示扫描进度窗口，如图 8-6 所示。

图 8-6　扫描进度界面

2）升级

360 杀毒具有自动升级功能，如果用户开启了自动升级功能，360 杀毒会在有升级可用时自动下载并安装升级文件，自动升级完成后会通过气泡窗口提示用户。

如果想手动进行升级，可在 360 杀毒主界面单击"产品升级"的选项卡，进入升级界面，单击"检查更新"按钮，如图 8-7 所示。

图 8-7　360 杀毒升级界面

升级程序会连接服务器检查是否有可用更新，如果有的话就会下载并安装升级文件。升级完成后会提示用户"升级完成，你当前的版本已经是最新的。"（见图 8-8）

图 8-8　"升级完成"界面

实训二 如何设置 Windows 系统防火墙

【实训目的】

（1）了解 Windows 系统防火墙的基本工作原理。

（2）掌握 Windows 系统防火墙的设置方法。

【实训要求】在计算机实训室进行实训。

【实训环境】微型计算机；Windows 7 操作系统。

【实训内容】检查 Windows 系统防火墙的状态，Windows 系统防火墙的打开和关闭。

【实训步骤】

上网时为了防范外界的攻击，保护计算机的安全，如果不想使用第三方杀毒软件，可用 Windows 系统自带的防火墙。

1. 查看防火墙状态

步骤 1：打开"控制面板"。在任务栏的左侧，选择"开始"→"控制面板"命令，弹出"控制面板"主页界面，如图 8-9 所示。

图 8-9 "控制面板"主页界面

步骤 2：选择"系统和安全"→"检查防火墙状态"命令，弹出防火墙的位置界面，即防火墙所处的网络，是公共网络还是家庭或工作（专用）网络，如图 8-10 所示。

图 8-10 "检查防火墙状态"窗口

2. 打开 / 关闭防火墙

步骤 1：在左侧的任务窗口，是防火墙的一些基本设置：允许程序或功能通过 Windows 防火墙、更改通知设置、打开或关闭 Windows 防火墙、还原默认设置和高级设置，如图 8-11 所示。

图 8-11 左侧任务窗格

步骤 2：单击左侧的"打开或关闭 Windows 防火墙"命令，弹出防火墙的开关界面，如图 8-12 所示。

图 8-12 防火墙开关界面

步骤 3：选择"启用 Windows 防火墙"或"关闭 Windows 防火墙（不推荐）"单选按钮。

步骤 4：最后，单击"确定"按钮。